孩子，是你们的，也是我们的。
育儿路上，携手同行，
把最新的理念和科学的方法给予每一个孩子。

育儿"高"见

——我的育儿百科全书

高建慧 / 著

U0263910

SPM 南方出版传媒
广东科技出版社 | 全国优秀出版社

·广州·

图书在版编目（CIP）数据

育儿"高"见：我的育儿百科全书/高建慧著．——
广州：广东科技出版社，2020.9
ISBN 978-7-5359-7569-0

Ⅰ．①育… Ⅱ．①高… Ⅲ．①婴幼儿—哺育 Ⅳ．
① TS976.31

中国版本图书馆 CIP 数据核字 (2020) 第 181825 号

育儿"高"见——我的育儿百科全书
YU'ER "GAO" JIAN——WO DE YU'ER BAIKEQUANSHU

~~~~~~

出　版　人：朱文清
责任编辑：马霄行
封面设计：陈　媛
责任校对：陈　静
责任印制：彭海波
出版发行：广东科技出版社
　　　　　（广州市环市东路水荫路 11 号　邮政编码：510075）
销售热线：020 - 37592148 / 37607413
http://www.gdstp.com.cn
E-mail:gdkjzbb@gdstp.com.cn（编务室）
经　　销：广东新华发行集团股份有限公司
印　　刷：广州市彩源印刷有限公司
　　　　　（广州市黄埔区百合三路 8 号 邮政编码：510700）
规　　格：787mm×1092mm　1/16　印张 16.5　字数 330 千
版　　次：2020 年 9 月第 1 版
　　　　　2020 年 9 月第 1 次印刷
定　　价：64.00 元

~~~~~~

如发现因印装质量问题影响阅读，请与广东科技出版社印制室联系调换（电话：020–37607272）

　　此书与大家见面时，我已历经 33 年的儿科医生生涯。回想过去，前 20 年扎扎实实扑在临床工作上，忙碌于诊治患儿，抢救危重病人。日复一日，年复一年。不计其数的患儿，在我和我的团队精心治疗下康复，无数个生命从死亡线上被拯救回来。作为一名尽职尽责的医生，我曾感到无限的自豪和神圣。

　　直到有一天，我看到我们费尽心血抢救回来的新生命长大后与常人不同，因早产或窒息造成脑损伤导致智力 / 运动障碍，给家庭带来沉重的负担。我反复思索我们的工作。救死扶伤是医务人员义不容辞的责任，医生如同父母，给了患儿生命，就应该更关注他们的生命质量。于是，我和我的团队又完善了高危儿随访，去帮助那些一诞生即遭到生命打击的孩子。可喜的是，我们与孩子的父母一起，利用脑科学可塑性的原理及科学育儿的方法，通过 0~3 岁关键期早期教育、早期干预充分挖掘大脑的潜能，收到了良好的效果，使绝大部分高危儿的身心能够得到正常发育，甚至超过正常儿童。

　　遗憾的是，我们看到一些原本出生正常的孩子，却因家长育儿理念和育儿知识的滞后，影响了他们的身心发育和素质提高。我们的心愿，是把科学育儿的方法普及到所有家庭，让每一个家庭都能成为孩子最好的学校，让每一个儿童都拥有最佳的人生开端。自 2006 年起我们开办了免费育儿大讲堂，但每年有限的课时，只能帮助有限的人。每次在大讲堂上，看到年轻的爸爸妈妈甚至爷爷奶奶们一双双期望的眼神，下课后面对问不完的问题，都让我很受触动，太多人需求育儿专家的帮助。为此，从 2007 年起我搭建了博客交流平台，希望通过自己多年的临床经验、儿童保健知识、新的育儿理念和科研成果来帮助更多的家庭。

　　儿童的健康受到家庭、教育、社会、文化、精神、经济、环境等的影响，需要有专业技能的儿科医生承担起社会责任，帮助家长面对和识别儿童生长发育、心理行为和养育过程中的生理 / 非生理问题。本书是我十几年育儿内容的积累和整理，从无数个身边的案例和一个个门诊的故事中提炼出来，希望能成为家长的育儿助手。孩子，是你们的，也是我们的。育儿路上，携手同行，把最新的理念和科学的方法给予每一个孩子。

高建慧

2020 年 5 月 8 日

CONTENTS │ 目录

第四章 宝宝行为发育和早教

第五章　宝宝的发热

第六章　常见疾病防治

第七章　儿童安全用药与疫苗接种

第八章　避免意外伤害

第一节　儿童意外伤害

第二节　居家安全

附录

面对初来乍到的小生命，新晋妈妈在幸福和喜悦的同时，却常常感到无所适从。新生儿的喂养、大小便、护理以及影响宝宝健康的种种注意事项，新妈妈都要了解和学习，而且需要有着超乎寻常的耐心和细心。

第一章
新生儿的护理

第一节 分娩与新生儿

❤ 剖宫产，对宝宝有什么影响

　　自然分娩，是人类繁衍生息的一个自然的正常生理过程，而剖宫产只是异常分娩的一个补救措施。我国自 20 世纪 80 年代以来，自然分娩率呈下降趋势，剖宫产率持续攀升。全国平均剖宫产率已近 50%，个别医院的剖宫产率达到 80%，远远高出世界卫生组织推荐的 15% 的标准，已成为严重的公共卫生问题。从长远来看，极高的剖宫产率，对国民身体素质有一定影响，而且浪费了不少有限的卫生资源。

剖宫产对母亲的影响

　　◆**近期风险：**麻醉风险，术中或术后并发症风险，如膀胱损伤、肠管损伤、子宫切口裂伤或产后出血等。

　　◆**远期影响：**①子宫出血。剖宫产是一种非自然、有创伤性的手术分娩方式，产妇在经历手术之后常常表现为长期的不规则子宫出血。②月经异常。接受过剖宫产手术的产妇，会出现月经异常的状况，比如经期会延长。有的产妇经过剖宫产手术，再来月经之后会出现很严重的阴道淋漓出血状况，且难以治愈，这种状况的存在会大大影响夫妻的性生活。

剖宫产对婴儿的影响

　　◆**近期风险：**造成骨折（锁骨、肱骨或颅骨骨折）、软组织损伤（切开子宫时，由于子宫壁薄或术者用力过猛，造成机械性损伤，或造成手术器械划伤胎儿先露部位）；由于没有经过阴道的挤压，胎儿肺部液体排除迟缓，可能出现呼吸窘迫综合征，危及生命。

◆**远期影响：**①剖宫产术可能增加新生儿日后患过敏性哮喘的危险。②有研究认为，剖宫产儿童与阴道分娩儿童在前庭平衡觉、触觉防御功能、本体感觉、学习能力方面具有明显差异，同时发现剖宫产组感觉统合失调发病率明显高于阴道分娩组，并认为正常阴道分娩时的子宫收缩对儿童的感知觉发育有重要意义。

剖宫产率高的原因

除了医学原因外，以下因素是导致非医学指征剖宫产的主要因素。

◆**认识误区：**对剖宫产的负面影响认识不足，家人也会为减少孕妇痛苦和保证安全而选择剖宫产。

◆**营养过剩：**很多孕妇由于饮食摄入不合理或缺乏产前保健引导，造成胎儿偏大，增加了自然分娩的困难和风险，导致剖宫产率明显增加。

◆**风俗习惯：**为给新生儿选所谓的吉日、吉时而选择剖宫产。

◆**特殊要求：**医生为避免医疗纠纷放宽剖宫产术指征，以满足产妇及家属对剖宫产的要求。

降低剖宫产率，需要社会、医、患三方共同努力

可采取以下措施降低剖宫产率。

(1)通过宣传，使产妇及家属认识到分娩是一个正常、自然、健康的过程，纠正人们认识上的偏差，减少孕妇对生产的恐惧感。同时，使产妇进一步认识到剖宫产是无法进行自然分娩的补救措施，而不是绝对安全的分娩方式。

(2)加强孕期保健，合理营养，控制孕期体重，减少巨大儿的发生。

利用孕妇学校，对孕妇集中进行临产前教育，例如：如何呼吸以减轻阵痛、如何按摩和用力、产时如何与接产者配合等，让孕妇做好生产的思想准备。

(3)分娩机构可开展导乐陪伴分娩和家庭化陪伴分娩，消除产妇在分娩中的孤独、恐惧、焦虑的心情，增加产妇分娩的信心和能力。镇痛分娩可提高分娩期母婴安全。

(4)提高医患之间的信任度，减轻医护人员压力。

听力筛查很重要,别误了孩子一辈子

门诊见闻: 在高危儿门诊,时不时会碰到这样的孩子,因为两三岁了还不会说话而就诊,结果被检查出有听力障碍问题。

婴幼儿期,是学习语言的关键时期

美国的研究显示,婴幼儿在1岁以内时语言学习的能力最强,即使在熟睡时,他们也能学习到大人对他们说的话,而1岁之后,这种能力逐渐消失。

耳聪目明的孩子一定是一个聪明健康的孩子,儿童时期一旦失去听的能力,将会遗憾终生。有权威研究显示,孩子如果在3个月时被确诊有听力缺陷并开始康复训练和治疗,那么3岁时可掌握800个单词,相当于3岁正常儿童掌握单词量的80%;如在6个月被确诊并开始康复治疗,到3岁时掌握的单词量就会下降到600个;如到2岁时才诊断出听力障碍并开始训练治疗,那么到3岁时最多能掌握100个单词。如果3岁以后才诊断出听力障碍,那么即使经过戴助听器、做人工耳蜗手术,能听到声音,但学习起来还是很吃力。

如果社会、家庭、父母都来关注儿童听力保健和听力筛查,那么也许可以减少一些语言发育落后的孩子。

听力筛查有助于听力障碍儿童的早发现早干预

有声音!

引起听力障碍的因素可归为遗传因素和环境因素两大类。在我国,55%~60%的重度耳聋与遗传因素有关,另外约40%与环境因素有关。

耳聋基因检测: 听力正常

的人群中，至少 6% 的人携带一些常见耳聋基因突变，如果两个听力正常但都携带同一基因突变的个体结合，则有 25% 的可能性生育聋儿。基因检测能够解释：为什么听力正常的父母会生出听力障碍的孩子，为什么出生时听力正常的孩子，用药物或者遇到某种外界刺激时会出现了耳聋。

需要做耳聋基因检测的人：①有耳聋或有耳聋家族史或曾生育过聋儿且准备要孩子的夫妇；②孕妇和新生儿。

新生儿听力筛查：根据我国《新生儿听力筛查技术规范》的要求，所有出生的宝宝都应该接受新生儿听力筛查，新生儿需在出生后 48 小时至出院前完成初筛，未通过者及漏筛者于 42 天内均应当进行双耳复筛。复筛仍未通过者应当在出生后 3 个月龄内，转诊至省级卫生行政部门指定的听力障碍诊治机构，接受进一步诊断。

听觉行为反应可以帮助家长发现问题

家长最关注孩子每天的变化和成长，但由于专业知识的缺乏，一般情况下父母难以在 1 岁内发现孩子的听力问题。多数孩子到了 2~3 岁不会说话时，才会引起家长注意。0~3 岁儿童听觉观察法可以帮助家长及早发现问题，及时就诊。

	0~3 岁儿童听觉观察法：听力筛查阳性指标	
年龄	听觉行为反应（出现以下反应表明孩子有听力障碍）	
6 个月	不会寻找声源	
12 个月	对近旁的呼唤无反应； 不能发单字音	
24 个月	不能按照成人的指令完成相关动作； 不能模仿成人说话（不看口型）或者说话别人听不懂	
36 个月	吐字不清或不会说话； 总要求别人重复讲话； 经常用手势表示主观愿望	

健康孩子给家长的关键信息

● 1~3 个月的婴儿：对说话声音很敏感，对声音有反应性的笑。

● 4~6 个月的婴儿：能辨别声音的方向、反复咿呀作声，叫他 / 她名字他 / 她会转头。

● 7~9 个月的婴儿：会试着模仿声音，无意识地发出"爸爸、妈妈"的语音。

● 10~12 月的婴儿：懂得一些词语的意思，能说出"爸爸、妈妈"，而且有所指、会讲出单词句。

● 1~2 岁的孩子：能用手势、语言表达自己的需要，说出 3~5 个字的句子。

● 3~4 岁的孩子：能正确用词，可以描述故事、事情。

为何新生儿呼吸时快时慢

新妈妈常常很困惑：为什么宝宝的呼吸一会儿快，一会儿慢，甚至还会停一会儿？

正常新生儿（足月分娩，即胎龄满 37 周以上，出生体重超过 2500 克，无任何疾病）从出生后脐带结扎开始到整 28 天前的一段时间称为新生儿期。

呼吸是人体与外界环境之间气体交换的过程，是维持新陈代谢和其他功能活动所必需的基本过程之一。新生儿期是胎儿期的延续，胎儿有微弱的呼吸，胎儿出生后面对环境的改变，其生理功能需要进行利于生存的比

较大的调整才能适应。由于新生儿胸廓几乎呈圆桶形，肋间肌较薄弱，呼吸运动主要靠膈肌的升降完成，所以呈腹膈式呼吸。加上新生儿呼吸中枢调节机能不够完善，所以其呼吸较表浅，节律不匀。

新生儿的呼吸运动虽然表浅，但其每分钟的呼吸量不比成人低，因为新生儿呼吸频率快（35~45 次 / 分）。新生儿还可出现短暂的呼吸频率增快（超过 80 次 / 分），这并无重要的临床意义。出生后头二周，呼吸频率波动较大，是新生儿的正常现象。尤其浅睡眠时，新生儿的呼吸常常是不规则的，可有 3~5 秒的呼吸暂停。吃奶、哭闹或活动后，呼吸会短暂增快。

重点提醒：如果新生宝宝持续呼吸增快或呼吸暂停伴有面色发紫，则需立即就医。

喂养新生宝宝是门大学问

初为人母，在喂养新生宝宝时总会有许多疑惑。的确，新生儿喂养是门很大的学问。

母乳喂养越早越好

母乳不但能给宝宝提供最理想的营养，而且母乳喂养过程本身也是对宝宝大脑的良性刺激，母子肌肤接触的交流是用奶瓶或其他人工喂养方式难以比拟的。出生后半小时左右，即使妈妈暂时没有分泌乳汁，也要尽量让新生儿吮吸乳头，以促进乳汁分泌。

母乳喂养技巧：①喂养时应采取"竖抱位"，即头部略抬起。这种姿势能让新生儿和母亲相对而视，可增加相互间的亲密感。②母亲在每次哺乳前应先洗手并将乳头清洗干净。③母亲如有呼吸道疾病，喂养时应戴口罩，如乳房上皮肤有破裂或炎症，应及时咨询医生后决定是否继续哺乳。④最好是一边乳房吸空后再换另一边乳房，以防残留下的奶淤积在乳房内，如新生儿吃饱后一边乳房仍有多余的乳汁，最好将其挤掉。

如果是人工喂养，请选择接近母乳的配方奶，不要直接喂新鲜牛奶。如果是母乳和代乳品混合喂养，应先以母乳喂养为主。

奶瓶喂养技巧：①奶嘴洞大小应适中并注意奶的温度，最好把奶瓶贴在皮肤上试一下。②宝宝呈半坐姿态，喂奶过程中，注意奶瓶保持适当的倾斜度，奶瓶里的奶要始终充满奶嘴，防止宝宝吸进空气。③喂完后可轻拍宝宝背部，以免积气。④每次喂完要对奶瓶、奶嘴严格煮沸消毒，在水中煮沸 25 分钟左右。

母乳喂养，提倡按需哺乳

新生宝宝的母乳喂养，提倡按需哺乳，这更有利于宝宝的健康成长。按需哺乳并不是一哭就喂，宝宝哭啼不一定是饥饿，需排除不舒服或疾病原因。要想了解宝宝到底需要吃多少奶，以掌握好喂养的次数和量，需要爸爸妈妈亲力亲为，观察宝宝的需求。一般情况下，母亲和宝宝经过 2 周左右就会逐渐形成喂养时间、次数的规律。由于母乳消化吸收比较快，一般 2.5 小时左右喂一次，配方奶时间长一些，大概 3 小时左右喂一次。

如何判断宝宝吃饱了呢？母乳喂养一天的次数一般为 8~12 次，每次喂完以后至少应一侧乳房排空，宝宝吃饱了有种满足感。也可以通过大小便次数来判断，宝宝出生后头两天至少应排尿 1~2 次，出生后第 3 天，每 24 小时排尿应达到 6~8 次，排便 4 次左右。喂养得好不好更科学的方法是通过宝宝的生长发育曲线，用身高、体重、身长等具体指标来评价。

第二节
家有新生宝宝

宝宝皮肤、肚脐和屁屁护理有技巧

新生儿期是胎儿从母亲子宫内娩出到外界生活的适应期，由于新生儿的身体系统各个脏器功能的发育尚未成熟，免疫功能低下、体温调节功能较差，因而易感染，细心、科学、合理的护理就显得至关重要。为新生宝宝清洁护理前，要先将手洗干净，防止新生儿受到细菌感染。

皮肤的清洁

新生宝宝皮肤很娇嫩，需要保留所有的天然油脂，所以不需要肥皂，用清水洗即可。宝宝身体的皱褶处应每天检查，以防破溃，注意清洗褶皱处，将皮肤彻底揩干，潮湿的褶皱非常容易发炎。不要使用爽身粉，以防出汗后结成块而刺激皮肤。

口腔的清洁

一般情况下，给新生儿喂完奶后，再喂点温开水，将口腔内残存的奶液冲洗掉就可以了。需要清洗时，可用干净的棉签，蘸上温开水轻轻涂抹口腔黏膜即可，不能用纱布、手帕、棉签等来回擦洗口腔黏膜，因为这种做法很容易将口腔黏膜擦破而引起细菌感染。

眼睛的清洁

用一块干净柔软的面巾从靠近鼻子的内眼角向外眼角擦拭。如果宝宝的眼睛持续流泪，很有可能是泪腺堵塞，但这种情况会在一岁左右自动消失，无须特殊处理。有的新生宝宝眼睛会有大量的黄色分泌物，只要宝宝的眼球结膜呈白色也无须担心，需用蘸了温水的干净面巾纸按顺序擦拭即可，每日3次。一旦发现宝宝眼球结膜发红或者有大量的分泌物时，很有可能被细菌感染了，要及时就诊。

鼻腔的清洁

新生宝宝鼻腔相对狭窄，稍有分泌物即表现出鼻塞。正常情况下，不要人为干扰宝宝的鼻子，他可以通过打喷嚏或哭泣将鼻子里的分泌物带出来。如发现宝宝鼻子堵塞，也可以用消毒的棉签蘸一点温水轻轻地清理鼻孔，以软化鼻屎，便于用棉签或镊子取出。如用棉签清理有困难，一定不要硬来，可以等宝宝打喷嚏或流鼻涕的时候把鼻腔内的东西带出来。必要时找医生帮助。

屁屁的护理

对于新生宝宝，最好每次大小便后，用温水擦洗其臀部及会阴部，以保证新生儿舒适、干净。男女宝宝各有自己的身体特点，在清洗时要注意方法。

◆**男宝屁屁清洗法：**用纸巾擦去粪便，用温水浸湿棉签或小的柔软棉布来擦洗，顺序如下：擦小肚子，直至脐部——用干净棉布彻底清洁大腿根部及阴茎部的皮肤褶皱（由里往外顺着擦）——用干净棉布清洁睾丸各处，包括阴茎下面——举起婴儿双腿，清洁他的肛门及屁股。

◆**女宝屁屁清洗法：**用纸巾擦去粪便，用温水浸湿棉签或小的柔软棉布来擦洗，顺序如下：擦洗小肚子各处，直至脐部——用干净棉布擦洗大腿根部所有皮肤褶皱里面（由上向下、由内向外擦）——举起双腿，清洁外阴（注意要由前往后擦洗，防止肛门内的细菌进入阴道，不要清洁阴道里面）——用干净的棉花或棉布清洁肛门——最后是屁股及大腿，向里洗至肛门处。

另外需注意，擦洗的时候避免宝宝着凉，擦洗完毕可以在外阴四周、肛门、臀部等处擦上防疹膏，别忘了事先用肥皂洗干净你自己的手。

宝宝的便便藏着大秘密

　　家有新生宝宝，一切都会围着宝宝转，宝宝的点点滴滴都会引起妈妈的关注，尤其在第一个月里，宝宝会给妈妈非常多的惊奇、疑惑和烦恼。除了让宝宝吃好睡好之外，妈妈可能也很想知道，宝宝形形色色的便便又代表着什么呢？

喂养条件不同，正常便便会有差异性

　　黑绿色黏稠便——胎便：是由胃肠分泌物、胆汁、上皮细胞、胎毛胎脂以及咽进的羊水等组成的，黏稠而又细腻，没有臭味，多数宝宝会在出生1~2天内排出，随后2~3天排棕褐色的过渡便。如果宝宝出生3天还没排便，就要引起妈妈的注意，需要寻求医生的帮助。

胎便
黑绿色黏稠便

　　黄色或金黄色稀便——母乳喂养宝宝的便便：母乳喂养宝宝的大便呈黄色或金黄色，味酸不臭，一般看起来像是芥末和奶酪混合起来的样子，还可能有一些种子状的小粒。母乳喂养的宝宝比牛奶喂养的宝宝大便次数要多，每天4~6次。

母乳喂养宝宝的便便
黄色或金黄色稀便

　　黄褐色黏稠便——混合喂养宝宝的便便：如果母乳喂养的宝宝添加了配方奶，宝宝的大便会变得黏稠，颜色会变深，气味会变臭，次数会减少。

混合喂养宝宝的便便
黄褐色黏稠便

淡黄色硬便——牛奶喂养宝宝的便

便：色淡黄，均匀较硬，有臭味。如果宝宝吃奶好，精神好，长得好，每天1~2次或1~2天1次，均属正常。

牛奶喂养宝宝的便便
淡黄色硬便

遇到这样的便便需警惕

◆**柏油样便便**：如果母亲乳头有裂伤出血，则宝宝大便可能像柏油，属于正常。如果母亲乳头正常而新生宝宝大便像柏油，就不正常了。

◆**带鲜血便便**：首先检查宝宝有没有尿布疹、假月经，如果大便干燥，可能是肛门周围皮肤皲裂所致。如果大便黏液呈鼻涕状带血，则有肠道细菌感染的可能。如是混合喂养或人工喂养的宝宝出现便中带血丝，也可能是牛奶蛋白过敏所致。

◆**灰白色便便**：同时宝宝的巩膜和皮肤呈黄色，则有可能有胆道梗阻。

◆**蛋花汤样便便**：可含有较多的奶瓣，一般无黏液，每天5~10次，提示消化不良。如为母乳喂养，不必减少奶量及次数，多能自然恢复正常；如为奶粉喂养，则可适当减少每次的喂奶量而增加喂奶次数，也可在配奶时适当多加一些水将奶稍配稀一些。

◆**泡沫状便便**：多见于人工喂养的宝宝，由于食物中淀粉类或糖过多所致，如奶粉中加糖过多、过早添加米汤等谷类食物等，会使肠腔中的食物增加发酵，出现深棕色的稀便，并带有泡沫。通过适当调整饮食结构多能恢复正常。

◆**水样便便**：大便呈水样，量多，每天可达10余次，需警惕肠道病毒感染。注意宝宝是否伴有呕吐、发热、尿量少等表现。

留言板

预防脐炎,必须做好脐带护理

新生儿出生后肚脐的护理非常关键,如果忽视细节的护理,很容易引起脐带发炎,严重的脐带感染会导致全身感染。

父母要做的准备: 准备 75% 的酒精、消毒棉签、纱布等物品;护理脐带前用肥皂或洗手液洗干净双手并擦干,注意保持手的温暖。

脐带护理的要点:

(1)脐带未脱落前保持干净,不能进水,保持伤口透气,注意避免尿布盖住脐带。

(2)每天清洁脐带 1~2 次。从出生到脐带脱落后的一段时间内都会有少量分泌物出现,需要每天清洁以保持干燥和透气。

(3)清洁脐带时顺序很重要:先用消毒棉签蘸取 75% 的酒精,从脐窝中心点向外呈螺旋状擦拭,擦拭的同时旋转棉棒,有利于将分泌物很好地擦拭掉,不能用力擦或上下左右反复擦。

(4)大部分脐带脱落在出生后 7~10 天,一般在 2 周以内。脐带脱落后,如果只是有少许分泌物,而没有脓性分泌物或者红肿等异常现象,一般不用担心,继续每天用酒精对脐窝消毒,一般持续 3~7 天。

需要就医的情况:

如果发现下列情况之一需要及时到医院就诊:

(1)脐带周围皮肤红肿,有脓性分泌物。

(2)肚脐表面湿润、流血或有黏液。

(3)肚脐表面以及周边有皮疹。

(4)脐带超过 2 周还没有脱落,需查看导致脐带脱落延迟的原因。

宝宝肚脐鼓包,小心是脐疝作祟

门诊见闻:小宝,出生39天,生长发育、吃奶、睡眠均好,面色红润。但肚脐出生后几天就开始突起,且越来越厉害,有时还能听到"咕咕"响,全家人非常担心。妈妈怀疑,是不是接生时没扎好脐带所造成的。我检查后告诉这位妈妈,宝宝的脐部突出叫"脐疝",跟接生没有关系。

脐疝

婴儿脐疝属先天性发育缺陷,是一种较常见的疾病。发病原因有脐部发育不全,脐环没有完全闭锁或脐部的瘢痕组织薄弱不够坚固,啼哭时腹腔内压力增高,内脏从脐部突出而形成。

脐疝可自愈:脐位于腹壁正中部。在胚胎发育过程中,脐是腹壁最晚闭合的部位。由于脐部缺少脂肪组织,是全腹壁最薄弱的部位,因此腹腔内容物容易于此部位突出形成脐疝。随着宝宝的发育,腹壁肌肉逐渐增强,脐环缺损会逐渐变小,绝大多数脐疝可在1岁左右自愈。因此在患儿2岁前,除非出现嵌顿,一般情况下的脐疝都可以观察等待。

旧习不可取:有些家长沿用旧习,采用大铜钱或硬币以布带勒紧腹部,企图挡住脐疝膨出,这样做既无疗效,还可能造成损伤,所以不主张使用。如有的家长过于紧张,一定要采取措施,建议使用"弹性腹带",操作较简便,对新生儿、小婴儿尤为适用,通常白天佩带,夜睡时松下,并需经常调节松紧度,以起到既防止脐疝过分膨出,又保证小儿饮食摄入量和腹部发育的作用。

如已满2周岁、脐疝直径超过1.5厘米者,可考虑进行脐疝修补术。

家有脐疝宝宝,家长要注意护理,避免患儿过度烦躁、频繁哭闹。一般情况下,脐疝软软的,用手轻轻向下按可以回纳。

特别提醒:如果宝宝哭闹不安,要注意脐疝有没有嵌顿,嵌顿疝不能回纳,长时间嵌顿的肠管会缺血坏死,皮肤颜色也会变成紫色。这种情况比较紧急,家长一旦发现,应立即带宝宝去医院就诊。

新生儿打嗝不止,就用这三招

相信每一个人都体验过打嗝的感受,也相信不少妈妈有过宝宝喝完奶后打嗝不止的经历,打嗝虽然不是大问题,但毕竟不舒服,妈妈看着宝宝打嗝更着急。

打嗝,医学上称为"呃逆"。在我们的胸腔和腹腔之间,有一个肌肉膜称为膈肌,它将胸腔和腹腔分隔开。膈肌也有神经分布和血液供应。当引起打嗝的诱因刺激传导给大脑以后,大脑就会发出指令,使膈肌出现阵发性和痉挛性收缩,于是就出现打嗝。

◆**婴儿为什么容易打嗝?** 宝宝打嗝是比较正常的,因为小婴儿的神经系统和膈肌都没有发育完善,受到轻微刺激如冷空气吸入、吃奶太急、将空气吞入胃内、过饱,就会发生膈肌突然收缩。打嗝不是病,随着宝宝的长大,神经系统发育逐渐完善,打嗝自然会消失。

◆**如何预防宝宝打嗝?** ①吃母乳的宝宝,如母乳很充足,进食时,应避免乳汁流得过快。②人工喂养的宝宝,进食时也要避免急、快、冰、烫,奶嘴内要充满乳汁,避免宝宝吞入大量空气。③不要在宝宝过度饥饿或哭得很凶时喂奶,宝宝吃奶时要有正确的姿势体位,奶瓶倾斜45度角,可以让气泡跑到奶瓶底端,不会让宝宝吃进气泡。④喂奶后要将宝宝竖着抱起来,轻轻地拍着后背排气,最好半小时内不要让宝宝平躺。

◆**解除宝宝打嗝的方法:** ①将宝宝抱起,轻轻地拍其背,喂点热水或喂几口奶。②将宝宝抱起,刺激其足底使其啼哭,宝宝用力吸气可终止膈肌的突然收缩。③用有趣的活动来转移宝宝的注意力,也可以改善宝宝打嗝的症状。

特别提醒: 极少数的打嗝与胃食管反流及某些呼吸道疾病如肺炎或药物的不良反应有关。如果宝宝频繁地打嗝,同时有食欲变差、体重减轻或频繁呕吐,就应该带宝宝到医院做详细检查。

刷牙，从宝宝出牙前开始

很多妈妈对宝宝刷牙有着不少的疑问：宝宝什么时候学习刷牙好？婴儿的牙齿如何护理？宝宝没长牙前如何护理口腔？乳牙迟早会换掉，可以不用特别护理吗？

◆**宝宝出牙前的护理：**①尽量采取母乳喂养，母乳是宝宝最好的食物，宝宝有力吸吮母乳的动作，有利于颌面正常发育。②必须人工喂养时，建议选择仿乳头仿真设计的奶嘴。③每次给宝宝喂完奶后，帮宝宝"刷牙"，可以在手指缠上消毒过的湿纱布或用棉棒蘸上清水，擦拭宝宝的牙龈和口腔黏膜。

◆**宝宝出牙后到2岁的护理：**不少宝宝的乳牙已经萌出，但妈妈认为宝宝小不能刷牙，不注意牙齿的清洁。实际上，从宝宝出第一颗牙起，妈妈就要开始进行护理，每次餐后，用纱布、棉棒蘸水或用指套牙刷为宝宝仔细清洁小牙齿的每一面。要避免宝宝形成不良习惯，比如吸空奶头、含着奶瓶入睡、咬手指等。建议宝宝1岁左右，逐渐戒掉奶瓶，改用杯子饮水。

◆**宝宝2岁到2岁半可以自己刷牙了：**家长要培养宝宝早晚刷牙的习惯和正确刷牙的方法，采用竖刷的方式，每次刷牙3分钟。实际中有一些宝宝对刷牙抗拒、不接受，家长可以带宝宝一起选用自己喜欢的儿童牙刷和牙膏，帮助提高宝宝对刷牙的兴趣。

◆**乳牙关乎宝宝的一生：**许多妈妈有一种错误的观念，认为宝宝的乳牙早晚会掉，不需要特别照顾，实际上，宝宝的乳牙对其一生非常重要。乳牙不好的后果：①会影响宝宝面部和颅骨的正常发育，影响恒牙的萌出。②会造成宝宝咀嚼困难，容易造成消化不良和养成偏食的习惯，导致宝宝营养不良。③会影响宝宝的正常发音，因为乳牙有辅助发音的作用。④如果乳牙不好尤其乳门牙不好，会导致宝宝不愿意开口说话或不喜欢笑，从而影响自信心。

宝宝红屁股，该如何预防和治疗

尿布皮炎，俗称尿布疹、红臀，是发生在裹尿布部位的一种皮肤炎性病变。表现为尿布接触部位边缘清楚的鲜红色红斑，严重的红斑上可见丘疹、水疱、糜烂。如有细菌感染，可产生脓疱。

◆**尿布疹的原因：**①尿布换得不勤：被大小便浸湿的尿布未及时更换，刺激皮肤使其发炎。②臀部湿热状态：清洗臀部后马上包上尿布，甚至再裹上塑料纸，使局部不透气。③便后不及时清洗：新生儿大便次数多，没有做到每次清洗，造成大便残留在臀部，包裹尿布后，刺激皮肤而发炎。④尿布吸水性差、尿布粗糙、尿布未漂干净或长期使用塑料布，这些情况均容易造成红臀。⑤护理皮肤不当：新生儿皮肤特别薄嫩，在清洗和擦拭臀部时，动作粗暴或来回擦拭，造成局部皮肤的损伤。

◆**尿布疹的预防：**①选择柔软、吸水性好的纸尿裤，也可以用细软的旧布做尿布。②勤换尿布，清洗干净并在阳光下晒干。③每次大便后用温水清洗臀部，使皮肤保持干燥、清洁。④避免清洗完臀部后马上扑粉，以免与尿便结成块，对皮肤造成刺激。

◆**尿布疹的处理：**①细心呵护：清洗完臀部后避免用力擦干，而是要用干净柔软的纸巾或纱布轻轻吸干并充分风干，然后搽上薄薄一层防护油。②当皮肤出现红斑时，可外用炉甘石洗剂，一日多次。③如有水疱、糜烂或脓疱，需在医生指导下应用抗生素湿敷。

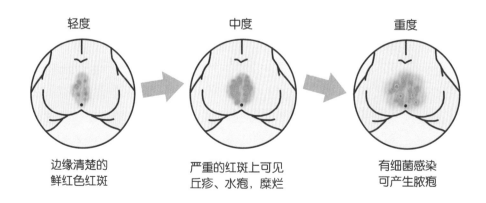

轻度	中度	重度
边缘清楚的鲜红色红斑	严重的红斑上可见丘疹、水疱，糜烂	有细菌感染可产生脓疱

关于晒太阳，妈妈最想知道的 10 个问题

大家都知道，经常沐浴阳光的宝宝长得更健康。但对于小宝宝来说，晒太阳也要晒得科学，否则会伤害到宝宝。

晒太阳的好处有哪些？

◆**获得维生素 D**：阳光中的紫外线可以促进皮肤中维生素 D 的合成，这也是人体维生素 D 的主要来源，而维生素 D 可以促进肠道对钙、磷的吸收，增强体质，促进骨骼正常钙化，预防小儿佝偻病的发生。

◆**增强免疫力**：阳光中的紫外线有很强的杀菌能力，一般细菌和某些病毒在阳光下晒半小时或数小时，就会被杀死。

◆**增强代谢**：晒太阳能够促进人体的血液循环，增强人体新陈代谢的能力，调节中枢神经，从而使人体感到舒展、舒适。

◆**防止贫血**：阳光可以刺激骨髓制造红细胞，提高造血功能。

晒太阳有哪些危害？

不科学的晒太阳会损伤宝宝的皮肤和眼睛等，有研究证明，过度暴晒在阳光下，会造成孩子的皮肤组织结构加速老化。另外，在太阳下时间过长，没有及时补充水分，也会出现虚脱现象。

每天晒太阳多久合适？

据研究，每平方厘米皮肤暴露在阳光下 3 小时，可产生约 20 国际单位的维生素 D。即使将婴儿全身穿好衣服，只要暴露面部，每天晒太阳 1 小时，也可产生 400 国际单位的维生素 D，接近婴儿每天维生素 D 全部的需要。

宝宝满月后可以到室外晒太阳，每天晒太阳时间的长短需根据宝宝年龄大小而定，一般由少到多，可由十几分钟逐渐增加至 1 小时，或每次 15~30 分钟，每天数次。也可晒一会儿到阴凉处休息一会儿。

最好晒哪些部位?

建议皮肤与阳光直接接触,但需避免阳光直射眼睛。小婴儿可以露出头、小屁屁、四肢。大宝宝可以在温柔的日光下玩耍。

如何选择晒太阳的时间段?

一般情况,上午9~10时,下午4~5时是适宜外出的时间。但晒太阳的时间也需要根据季节不同而定,比如夏天阳光比较强烈,上午可以稍提前,下午稍推后一些。要避免在过强的阳光下久晒,尤其是在每天上午11时至下午3时之间紫外线最强烈的时段。

隔着玻璃晒太阳有用吗?

玻璃会阻挡太阳光中的紫外线,所以隔着玻璃晒太阳达不到预期的效果。

阴天晒太阳有用吗?

阴天虽然感觉不到强烈的阳光照射,但仍有紫外线存在,所以阴天带宝宝户外活动对他的成长也是有好处的。

宝宝可以用防晒霜吗？

宝宝的皮肤没有发育成熟，抵抗紫外线的能力还很弱，如果是夏天在阳光下停留的时间长，就需要做好防晒：①避免阳光直射皮肤。②给宝宝戴上太阳帽或打太阳伞。③尽量把裸露在外的皮肤涂上儿童专用的防晒霜，如果到海滩、户外游泳池游泳，最好选用防水性防晒霜。如果是温柔的阳光或阴天带宝宝短时间晒太阳，就不必使用防晒霜了。

宝宝皮肤晒黑了怎么办？

宝宝的皮肤黑白决定于先天遗传因素和后天因素（包括营养是否均衡、晒太阳是否过度、日常护理是否到位等）。如果宝宝过度暴露在阳光下，光老化性和光毒性的共同作用会让宝宝皮肤黑色素增多，变得又粗又暗。如果家长们能够带宝宝科学地晒太阳，就不会造成宝宝皮肤的伤害。注意晒太阳后要给宝宝及时补充水分，保持均衡营养和皮肤清洁，促进新陈代谢，从而对宝宝的皮肤起到滋润作用。

如何帮新生宝宝晒太阳？

新生宝宝因为抵抗能力极低，不适宜直接到室外暴晒，建议在室内，阳光斜射时打开窗子给宝宝晒太阳。每次 10~15 分钟即可。

宝宝冬季的衣食住行，需注意这些问题

门诊见闻：天气一冷，父母就会担心宝宝的保暖问题。这时，诊室里常见到这样的场景：小婴儿被裹得严严实实的，打开包裹却发现宝宝只穿了 2~3 件薄衣，而且没穿袜子，手脚冰凉。大一点的婴儿穿 5~6 层衣服，手脚运动受限，不能翻身。解开几层衣服，宝宝身上会散发出异样的气味（原因是很多天不洗澡），面颊通红，皮肤粗糙，部分还可见到皲裂……

给宝宝穿衣有学问

宝宝的新陈代谢比较旺盛，并不像大家想象得那么脆弱，冬天穿衣可遵循 "比大人多一件，不影响四肢伸展和活动" 的原则。宜选择柔软暖和的棉衣棉袄，大小要合适，一定要穿棉袜，以保持脚的温暖，出汗多时要及时更换。

冬天不要禁忌给宝宝洗澡

妈妈们考虑到冬天天气冷，宝宝出汗少，皮肤干燥，认为没必要给宝宝洗澡，有的妈妈怕冻着宝宝不敢给他洗澡。实际上，洗澡是一个令宝宝快乐和享受的事情，通过洗澡，宝宝与妈妈亲密接触，有益于宝宝的身心发育，条件允许的话最好每天给宝宝洗澡。洗澡时室温最好在 26~28℃，水温调到 35~37℃，时间不要拖得太长，10 分钟左右为宜，洗完后尽快擦干，可涂一些婴儿润肤露，防止皮肤干燥。

宝宝房间温度应相对稳定

如果室内没有暖气设备，可通过电暖炉使房间温度维持在 18~22℃，湿度保持在 50%~70%，注意通风，可每天清晨打开窗户透透气，让新鲜空气替代污浊空气。

注意补充水分和维生素D

宝宝因各个器官娇嫩，对气候的变化比较敏感，加上冬天干燥、容易受凉、易感染各种病毒，所以应注意给宝宝尤其是人工喂养儿补充水分，以促进排泄。冬天晒太阳的机会较少，根据医生的建议，应适当补充维生素D，以促进钙的吸收。

出行寄语

冬天里有一些一年中很重要的节日，如元旦、春节等，这些节日会撩起大人们的情结，一家人可能会外出旅游、走亲访友、参加朋友聚会等。宝宝对气温的适应和调节能力相对较差，因此出门前要做好充分的防护准备，比如戴帽、戴手套，外套最好是轻便的棉服或羽绒服；尽量避免带宝宝去人流拥挤的公共场合和车多的地方，这些地方容易使宝宝感染疾病和吸进含铅浓度高的空气而危害健康；人工喂养的宝宝要注意奶的温度，大一些的宝宝要注意手的卫生；无论在任何场合都要保证宝宝睡眠的时间和规律性；带宝宝外出时，可抓住机会让他多欣赏大自然，多与人交流，良好的信息刺激将促进宝宝大脑的发育。

读懂宝宝的八种哭声

新生婴儿呱呱坠地，是每一对父母、每一个医护人员、每一个家庭所期待的，正是这一声洪亮的哭声宣告一个小生命健康地来到世间。

第一声啼哭表达的意义

胎儿在母体体内时，肺内充满液体，并不是依靠呼吸进行气体交换，而是依靠胎盘循环来进行。宝宝的第一声啼哭表明肺已经张开，这是婴儿走向"独立生活"的第一步。医生也能通过哭声大小来衡量新生儿的成熟程度，并能发现疾病，比如：足月的婴儿哭声洪亮，早产儿的哭声比较弱小，有先天性心脏病或呼吸系统疾病的新生婴儿哭声小、弱，有时声音发哑。

哭是新生婴儿的语言

正常新生婴儿每天都会哭上几回，哭是宝宝与父母交流的方式，是其表达感觉和寻求帮助的唯一方式。宝宝哭了我们很容易想到可能是饿了、冷了、热了、尿了、拉了、痛了等，但不要忘记宝宝情绪的需求：害怕了、寂寞了、孤独了等等。

新生宝宝成为家庭的宝贝，全家人围着他转，只要一哭，马上就有人抱起来哄着，时间一长，宝宝根本就不愿意躺在床上，甚至睡觉也要抱着，其实，这对孩子的身心发育是不利的。所以，年轻的爸爸妈妈们一定要学会读懂宝宝的需求，及时给予适时适度的回应，让宝宝舒服、愉快、有安全感。

认识几种新生婴儿的啼哭

啼哭是表达情绪的特殊语言，不同的原因，哭的表现也不相同。

◆**宝宝饿了**：新生儿的胃容量小，容易饥饿，一般在喂奶2~3个小时后会因为饿了出现啼哭，哭声洪亮，而且有规律，同时头部左右转动，会张开小嘴四处觅食。此时，妈妈可试探性地用手指按其嘴角，宝宝会用嘴追手指（医学上称觅食反射），这时一旦开始喂奶就会马上停止哭闹。

◆**尿了或拉了**：哭声常突然出现，有时很急，下肢的活动比上肢的活动要多，仅换干净尿布即可中止哭闹。解便前有时会面色涨红，呈用力状，也有的宝宝在大便前由于肠蠕动加快而出现哭闹。

◆**宝宝冷了**：哭声低，乏力，皮肤有花纹或紫绀，严重时皮肤苍白，干燥，全身蜷曲，动作减少。

◆**宝宝热了**：哭声响亮，有力，皮肤潮红，额面部可以看到轻度出汗，四肢出现活动，严重者可出现轻度发热。

◆**宝宝痛了**：各种疼痛会刺激宝宝啼哭，常表现为突然的尖叫，为阵发性，如肠痉挛、肠梗阻、斜疝嵌顿、外伤等，有时会伴有呕吐、面色发青或发白、腹胀等。

◆**生病严重了**：此时宝宝的哭声没有规律，声音低沉，短而无力甚至呈呻吟状，同时全身反应淡漠，不吃奶，发热或体温不升高，发现这种情形应及时到医院检查。

◆**宝宝害怕了**：宝宝对突然出现的声音或体位变化或其他外界刺激的反应是先出现受惊吓的表现，如双臂举起、呈拥抱状或哆嗦一下等，哭声随后立即出现，哭声急，面部涨红，此时妈妈如给予轻声安慰、拍哄，啼哭可较快消失。

◆**需要陪伴或安抚了**：宝宝躺久了感到寂寞，需要有人陪伴，会用哭来提醒爸爸妈妈抱一抱或说说话，哭声长短不一，无节奏感，常哭哭停停、断断续续，大人抱起安抚后即停止哭泣。遇到这种情况，建议将宝宝抱起，亲一亲、抚摸一下、拍一拍或跟他说说话、听一些舒缓的音乐，宝宝就会安静下来。

让宝宝少生病，父母能做些什么

宝宝老生病怎么办？

怎样才能让宝宝少生病？

吃什么可以增加宝宝的抵抗力？

这是在儿科门诊工作和每次的育儿课堂上遇到的最多的问题。

在此，给家长们几点建议——

◆**坚持母乳喂养，重视奠定一生健康的关键期：** "生命最初 1000 天"指从妈妈怀孕开始到婴儿出生后 2 周岁，是国际公认的奠定一生健康的关键时期。这一阶段的营养状况不仅影响孩子体格和智力的发育，还与孩子成年后的慢性病发病率有明显联系。母乳喂养正是保障生命早期 1000 天营养健康的重要举措之一。在哺乳期的不同阶段，母乳中的脂肪、蛋白质和碳水化合物等营养成分自动调节，与宝宝的生长发育相适应。母乳中含有的免疫因子、益生菌和益生元能够帮助宝宝建立免疫屏障，降低过敏风险。

◆**遵照计划免疫程序，做好预防接种：** 预防接种是保护孩子少受或不受某些传染病之害的有效措施之一。纳入国家免疫规划免费对适龄儿童进行常规接种的疫苗有：乙肝疫苗、卡介苗、脊髓灰质炎疫苗、百白破疫苗、麻疹疫苗、白破疫苗、甲肝疫苗、流脑疫苗、乙脑疫苗、麻腮风疫苗。家长自愿自费可以选择接种的疫苗有：水痘疫苗、HIB 疫苗（流感嗜血杆菌 b 结合疫苗）、7 价肺炎疫苗、23 价肺炎疫苗、口服轮状病毒疫苗、流感疫苗等。每种疫苗的接种都有明确规定的时间，不要随意更改。

◆**定期监测体格发育，及时纠正发育偏差：** 婴幼儿期生长发育迅速，家长们要重视每个阶段的保健及体格发育的监测，发现问题及时纠正，以减少疾病的发生。体重是反映近期营养状况和评价生长发育的重要指标；身高是反映长期营养状况和骨骼发育最合适的指标，不易受暂时营养失调的影响。头围反映脑和颅骨的发育，2 岁以内测量最有价值。健康儿童在正常情况下，沿着遗传所确定的自身特定的轨道生长发育，即遵循着一条正常的生长曲线发展。根据月龄的不同，测量身高、体重、头围及绘制生长曲线的时间建议：0~6 月的婴儿每个月进行一次，6~12 月的婴儿 2 个月一次，12~36 个月的婴儿 3~6 个月 1 次。如有偏差或异常，需在医生指导下严密监测。

◆**重视婴儿辅食添加，培养幼儿良好的饮食行为习惯：**一般孩子的饮食习惯是受家长左右而形成的。虽然多数家庭生活、喂养条件都很好，但因为家长忙碌无暇顾及加上育儿观念滞后以及自己的一些不良习惯，无形中会影响到孩子。挑食、偏食、吃零食多、依赖家长喂养、爱吃油炸和膨化食品、不吃早餐、吃饭时间不固定、边吃饭边玩玩具或边看电视等，正是这些不良的饮食习惯影响孩子获得全面均衡的营养，有碍他们的生长发育。

6 个月到 3 岁的宝宝容易生病，这也是提高宝宝免疫力的关键期，因此家长们要在这个时候掌握宝宝的饮食定律，强化宝宝的免疫力。1 周岁以内的婴儿仍是以奶为主食，每天要在保证奶量的基础上添加辅食。6 个月的宝宝就要开始重视辅食的添加，辅食可补充母乳或牛奶的热量、微量元素、矿物质、维生素等的不足，辅食添加可扩大婴儿味觉感受的范围，为咀嚼功能发育提供适宜刺激，还可防止日后挑食、偏食等不良进食行为的发生。

◆**不要盲目给孩子吃药或补充营养品：**有的家长怕孩子生病，或稍有不正常如流鼻涕、轻轻咳嗽几声，就给孩子吃药，这样不但影响孩子的食欲，而且家长紧张不良的情绪同时也会传递给孩子。另外，有的家长信奉营养品或口服液可以提高免疫力，因此不惜以昂贵的价格，买回来给孩子服用，这样不但会影响孩子主餐的进食，也会导致孩子形成不良的饮食习惯。所以，家长们给孩子提供健康的饮食和良好的饮食环境，帮助孩子形成好的生活习惯是提高抵抗力的保证，用药一定要在医生的指导下使用，避免给孩子带来不必要的伤害。

第三节
新生儿黄疸

新生儿黄疸知多少

门诊见闻：阿龙是足月顺产儿，出生时 3300 克。出生后 4 天，妈妈就发现阿龙面部皮肤开始出现黄疸，她也知道多数新生宝宝一周左右会经历黄疸，所以没有太关注这个问题，但 10 天之后宝宝的黄疸还是没有退。

妈妈带阿龙来就诊时是生后 21 天，护士一见到就大吃一惊，脸怎么这么黄？赶快叫我过去看，检查发现阿龙精神状况好，吃奶好，反应好，除了面部很黄之外，巩膜、躯干、四肢、手脚心均不黄。为什么？我也觉得很奇怪，一般情况下，面部如此黄的黄疸，巩膜及四肢一定会有黄染。于是我问阿龙的妈妈，是否给孩子的面部使用了什么东西？妈妈说，这段时间一直用"黄连水"给阿龙洗脸，目的是帮助退黄。

我还是第一次听说这种方法，也是第一次看到这样的病例。经过检查，阿龙没什么病理问题，就叫家人停止这种不科学的方法，一周后来复诊时，孩子的皮肤黄染完全消退。

◆什么是新生儿黄疸？是指新生儿时期，由于胆红素代谢异常引起血中胆红素水平升高而出现的以皮肤、黏膜及巩膜黄染为特征的病症，有生理性和病理性之分。

◆**新生儿生理性黄疸**：50％~60％的足月儿和80％的早产儿会出现生理性黄疸。足月儿的生理性黄疸是在第2~3天出现，一般情况好，第4~5天到达高峰，7~14天消退，检查肝功能正常，血清胆红素＜221微摩尔/升。早产儿的生理性黄疸会出现得较早、较重，也会持续较久，但多于生后3~4周消退，血清胆红素＜257微摩尔/升。

◆**新生儿病理性黄疸**：若出生后24小时即出现黄疸，持续时间长，足月儿超过2周，早产儿超过4周，甚至持续加深加重或消退后重复出现，则为病理性黄疸。其原因有溶血、重症感染、新生儿肝炎、胆道闭锁以及代谢性疾病等。

生理性黄疸

出生后2~3天出现
4~5天到达高峰
7~14天消退

病理性黄疸

出生后24小时内出现
持续2周以上，持续加深
加重或消退后重复出现

◆**新生儿黄疸的危害**：早期新生儿轻度黄疸不会有严重后果，但重度黄疸可引起胆红素脑病（核黄疸），核黄疸可危及生命，幸存者可因神经系统受损而终身残疾。

◆**新生儿黄疸的治疗**：生理性黄疸不需治疗。病理性黄疸需干预和治疗。大部分情况下用蓝光治疗可以解决问题，严重者需要换血治疗。上文提到的用"黄连水"洗脸帮助退黄是没有科学依据的。广东也有一个风俗，用玉米须水洗或喝玉米须水，也没有科学依据。

◆**不能轻视新生儿黄疸**：虽然新生儿黄疸是非常常见的症状，但当今仍有许多父母对新生儿黄疸认识不足，认为新生儿黄疸都是正常的，无须治疗自己就会痊愈。殊不知病理性黄疸是需要干预和治疗的，尤其是新生儿高胆红素血症。在我院新生儿病房里，每年都有因为父母对新生儿黄疸的误解而延误治疗，导致胆红素脑病的病例，给家庭和社会带来了沉重的负担。在此呼吁，无论什么原因引起的黄疸，都应该早进行相关的检查和临床观察，加强胆红素监测，及早发现病因，进行对因治疗，以有效地减少胆红素脑病对中枢神经系统的损害，这是降低新生儿胆红素脑病致死率和致残率的关键。

新生儿黄疸,是生理性的还是病理性的

新生儿黄疸,是指新生儿时期由于胆红素代谢异常,引起血中胆红素水平升高而出现皮肤、巩膜及黏膜黄染的临床症状。由于新生婴儿胆红素代谢的特点,50%~60% 的足月儿和 80% 的早产儿会出现生理性黄疸。血清胆红素增高可引起病理性黄疸(也叫高胆红素血症),有诱发胆红素脑病的危险,所以特别需要注意的是,新生儿出现黄疸时必须首先排除病理性黄疸。

那么,如何判断新生儿黄疸是生理性(正常)的还是病理性(有问题)的?

五大方法判断新生儿黄疸是生理性的还是病理性的

方法	生理性	病理性
从黄疸出现和消退的时间判断	在出生后 2~3 天出现,4~6 天达到高峰,7~10 天消退,两周左右大部分黄疸消退干净。若是早产儿,持续时间较长,可达 3~4 周	出现时间早而且消退晚,生后 24 小时即出现黄疸,2~3 周仍不退,甚至持续加深加重或消退后重复出现
从黄疸的范围判断	一般局限在面部、躯干部,一般不过膝、不过肘	过膝过肘,有时候手心、脚心都是黄的
从黄疸的程度判断	皮肤是浅黄色,巩膜轻度黄染,粪便色黄,尿色不黄,血胆红素足月儿不超过 12.9 毫克 / 分升 (220.6 微摩尔 / 升),早产儿不超过 15 毫克 / 分升 (256.5 微摩尔 / 升)	皮肤的黄颜色比较深,呈橘黄色或金黄色,巩膜颜色黄得非常重,血胆红素足月儿 >12.9 毫克 / 分升 (220.6 微摩尔 / 升),早产儿 >15 毫克 / 分升 (256.5 微摩尔 / 升) 或血胆红素每天上升 >5 毫克 / 分升 (85 微摩尔 / 升)
从宝宝的精神和吃奶情况判断	宝宝吃奶、睡觉、大小便不受影响	宝宝可有嗜睡、精神差、吃奶差的表现
从宝宝的病史判断	宝宝和妈妈没有特殊病史	宝宝出生时有窒息、感染、肝胆疾病、溶血等现象出现

生理性黄疸不需要特殊治疗,多可自行消退。早期喂奶,供给充足的奶量,可刺激肠管蠕动,建立肠道正常菌群,有助于减轻黄疸程度。病理性黄疸需要找明原因,尽早治疗。

母乳性黄疸需要停止母乳喂养吗

门诊见闻：临床上，经常见到一些奇怪的黄疸现象。例如以下这样的情况：

(1)新生儿出生 3~5 天时出现黄疸，逐渐加重，需要治疗，但肝脾不大，肝功能正常，又找不到原因；

(2)生理性黄疸出现后延迟不退，持续时间长达 3~4 周或更长；

(3)生理性黄疸消退后又出现，个别 1~2 个月才完全消退。

这些宝宝的共同点是纯母乳喂养，宝宝吃奶好，精神状态好，生长发育好。家长经常描述的一句话是：我的宝宝好像除了有点儿黄之外，什么都好。虽然看起来宝宝什么都好，但家长们也会想尽办法给宝宝退黄，多次就医，中药、民间偏方等都会用上。实际上，一些过度的治疗是没必要的。

以上所描述的情况，首先要排除病理性原因，停喂母乳 3 天，黄疸会明显减轻，临床上诊断为"母乳性黄疸"。

母乳性黄疸是指与母乳喂养有关的特发性黄疸，临床主要特征是新生儿母乳喂养后不久即出现黄疸，但无其他全身症状，足月儿多见。一般可分为早发型及迟发型两种类型。早发型与新生儿生理性黄疸的出现时间及达到高峰值的时间相似，即在出生后 3 天左右出现，并于第 4~6 天最明显，然后在 2 周内消退。然而，从临床经验来看，母乳性黄疸的最高值要超过生理性黄疸。迟发型者出现的时间较晚，常紧接生理性黄疸之后发生，也可能在生理性黄疸减轻后加重，也就是说母乳性黄疸常在宝宝出生后 7~14 天出现。

母乳性黄疸的病因迄今尚未完全清楚。一般认为，母乳中富含 β 葡萄糖醛酸苷酶，可水解结合胆红素为非结合胆红素，在小肠被重吸收，从而增加了肝肠循环，结果血中非结合胆红素增加而出现黄疸。如果母乳不足，开奶晚，胎粪排出延迟，也会增加胆红素的吸收。

◆**黄疸期间需要停母乳吗？** 虽然母乳性黄疸预后良好，但如果因母乳性黄疸而引起的黄疸程度较重，仍需予以适当处理。可暂停母乳喂养3天，暂停母乳期间，应用吸奶器将母乳吸出，以保持乳汁充分分泌，黄疸消退后，可以继续喂母乳，即使黄疸再出现亦不会达到原有程度。对于早发型母乳性黄疸应鼓励早开奶，多次少量喂奶，增加宝宝大便次数，减少其肠道对胆红素的吸收，以降低黄疸发生率。

需要提醒的是，黄疸宝宝家长一定要在医生指导下用药，不要擅自使用不科学的偏方，以免无意中伤害到宝宝。

◆**母乳性黄疸相对安全，也要重视监测随访**。至今为止尚无因母乳性黄疸导致胆红素脑病的报道，但因新生儿早期血脑屏障发育不完善，血中高水平的未结合胆红素容易通过血脑屏障进入脑组织。所以，对母乳性黄疸也要严密监测和加强随访，建立必要的随访以便进行生长发育的评价，早发现早干预，防止脑损害。

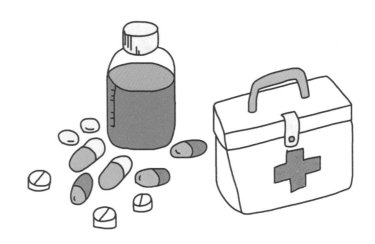

宝宝走路不稳，竟和新生儿黄疸有关

门诊见闻： 小妮，女，2岁2个月，因"走路不稳"来诊，孩子的身高、体重发育正常，语言表达只会叫"爸爸""妈妈"，头颅MRI正常，发育商测定（DQ）82.6（正常85），其中大运动81，语言70。妈妈说：小妮出生情况很好，只是在生后第二天开始有过黄疸，但不是很重，一周后就完全消退了，此后也没有关注这件事。小妮学爬、学走路的时间跟别的宝宝差不多，但就是走路不稳，直到2岁多了，家长开始着急了。小妮的病历记载，生后黄疸时测得的血胆红素为224微摩尔/升，直接胆红素10.4微摩尔/升，间接胆红素213微摩尔/升。根据足月新生儿病理性黄疸血胆红素＞220.6微摩尔/升判断，小妮属于比较轻的高胆红素血症。经过小儿康复科、小儿神经科、儿童保健科医生会诊后，考虑目前小妮的运动发育相对落后，新生儿黄疸是其高危因素。

不能轻视新生儿黄疸

影响新生儿黄疸的因素很多，除了新生儿疾病外，围生期因素、地区、种族等也是新生儿黄疸不可忽略的影响因素，而且不管何种因素，引起新生儿胆红素浓度过高，都有可能导致胆红素脑病。一般认为，血清胆红素高于342微摩尔/升时容易发生胆红素脑病。

值得注意的是，由于患儿体质本身的原因，有些新生儿胆红素浓度未达现行确定的病理值也可发生胆红素脑病，近年来有研究发现，新生儿胆红素在较低水平时即可引起听力和神经通道功能损伤，提示单凭血胆红素水平不能预测新生儿黄疸的远期预后。

黄疸引起听力损害比较常见，也被多数人所熟知，实际上胆红素进入大脑主要损害大脑基底节，同时小脑齿状核及后联合核、中脑红核及黑质、脑干网状结构等也可受累，造成脑组织不可逆的损害，幸存者常常留下不同程度的神经系统后遗症，表现为智力低下、语言障碍、手足多动症、牙齿发育不良、眼睛运动及听觉障碍等等。

有黄疸的宝宝应定期到医院检查

在新生儿期被诊断的高胆红素血症的宝宝均属于高危儿，也就是在日后的成长过程中，可能会出现智能发育障碍、视听障碍、语言发育障碍、行为发育障碍等神经系统的后遗症。

高危儿随访可定期监测评价其生长发育状况，早期发现异常情况，早期干预，利用大脑发育早期的代偿功能来促进高危儿的行为发育，使其发育达到正常儿童。医院对高危儿进行随访的时间：0~6 月龄每月 1 次，6~12 月龄每 1~2 个月 1 次，1~3 岁每 3~6 个月 1 次。

怎样防治新生儿鹅口疮

鹅口疮又名雪口病，是白念珠菌感染所引起的，可在口腔黏膜表面形成白色斑膜，是小婴儿口腔的一种常见疾病。白念珠菌在健康人的皮肤、肠道、阴道寄生，但并不致病，新生宝宝的口腔黏膜娇嫩，抵抗力弱，病菌容易侵入引起感染。

门诊见闻：小媛媛，22天，混合喂养，像往常一样，每次喂奶后妈妈会用棉签给媛媛洗口，但这几天妈妈发现，媛媛舌面上的白色斑片越来越多，洗也洗不掉，似乎媛媛也不愿意吃奶了。到医院检查，医生诊断为鹅口疮。用药2天，媛媛口腔的白色斑片很快消退。

在专科门诊中，很多宝宝是在体检时发现有鹅口疮的，给予指导和治疗，都能很快治愈。为什么鹅口疮这么容易侵犯宝宝呢？

引起新生宝宝鹅口疮的原因

主要有以下几种：①母亲阴道有霉菌感染，新生婴儿出生时经过产道，接触了母体的分泌物而感染。②母乳喂养时，妈妈的奶头不清洁。③人工喂养的宝宝，奶瓶、奶嘴消毒不彻底。④接触了感染念珠菌的衣物和玩具。

如何判断宝宝得了鹅口疮

根据表现即可判断。其特点为：①病变好发于颊、舌、软腭及口唇部的黏膜；②口腔黏膜表面可见到形似奶块的白色乳凝块样小点或小片状物，大小不等，略凸起，边缘无充血。③白色的斑膜不易被棉棒或湿纱布擦掉。如擦去斑膜，宝宝不痛，下方可见不出血的红色创面，如果不治疗很快又会被新的斑膜覆盖。

鹅口疮会给宝宝带来哪些危害

鹅口疮的危害：①轻微者，宝宝没有不适，不影响吃奶，也没有全身症状。②严重时，宝宝进食有痛苦表情，不愿意吃奶，哭闹。③如治疗不及时，受损的黏膜可不断扩大，蔓延到咽部、扁桃体、牙龈等，更为严重者可蔓延至喉头、食管、支气管、气管、肺等，引起念珠菌性食管炎或肺念珠菌病，出现呼吸、吞咽困难。④少数病菌可进入血液，引起白念珠菌败血症。

宝宝得了鹅口疮如何治疗

一般情况下，鹅口疮比较容易治疗，建议在医生指导下用药，局部用药效果明显，2~3天即可好转或治愈，具体方法：①用2%~4%碳酸氢钠液(小苏打)清洗口腔，每天2~3次。②用制霉菌素片（每片50万单位）溶于10毫升冷开水中，涂口腔患处；或把制霉菌素片研成粉与鱼肝油滴剂调匀，涂擦患处，每天2~3次。

预防是关键

注意以下细节：①切断传染途径。如果妈妈患霉菌性阴道炎，应积极治疗。②妈妈要注意乳头卫生和手卫生。妈妈在给宝宝哺乳前要用温开水洗乳晕、乳头，每次抱宝宝前要先洗手。③奶具消毒要彻底。如为人工喂养，宝宝用的奶瓶、奶嘴及进食的餐具要清洗干净后再蒸或煮沸10~15分钟。④保持口腔卫生。每次喂奶后，可给宝宝喂一些温开水以清洁口腔，避免口腔黏膜的损伤。⑤养成良好的生活习惯。宝宝使用的被褥和玩具要定期清洗、晾晒；宝宝的洗漱用具要尽量和家长的分开，并定期消毒。

新生儿为何不知不觉就患上了肺炎

提起肺炎，人们就会想到咳嗽、发热等表现，但新生儿肺炎却不同，常不出现咳嗽症状，好似不打招呼肺炎就来了。

门诊见闻： 文文，生下来有 7 斤（1 斤 =500 克）多，全家人每天细心护理和喂养，25 天已经长得白白胖胖的，很招人喜欢。近一周文文的妈妈感冒了，一直在吃药治疗，不料近两三天文文开始咳嗽了，吃奶减少，到医院检查发现是得了肺炎。妈妈吃惊的是：宝宝只有几声咳嗽，也没有发热，怎么这么快就得了肺炎？

◆**新生婴儿是特殊的人群**。新生儿除免疫功能不完善、抵抗力低下外，呼吸系统也有其特殊性，比如鼻道、鼻咽腔、喉都相对狭小，气管、支气管相对狭窄，黏膜柔嫩纤细，上下呼吸道的血管丰富，容易发生感染，且气管段比较短（为成人的 1/3），一旦感染极易发展到肺部。

◆**新生儿肺炎表现不同于大孩子**。由于新生儿胸廓发育相对不健全、呼吸肌软弱、呼吸较表浅，因此咳嗽无力。当发生肺炎时表现多不典型，少数有咳甚至不咳，可没有发热。主要症状是口吐泡沫、口周发紫、呼吸困难、精神萎靡、少哭或不哭、拒乳等。也有的就像感冒症状，如鼻塞、呛奶。

妈妈们需要细心观察，如果发现以下情况就需要警惕和重视，及时就医：①看精神、观面色，如精神反应差或不哭了，面色发青或发灰。②吃得好不好，如一贯对吃奶感兴趣的宝宝吃奶减少或不吃了。③新生婴儿玩起口水，出现口吐泡沫。④呼吸快（安静情况下大于 60 次 / 分），小鼻子不停地扇动（医学上称鼻翼扇动）。⑤呼吸时可以看到点头呼吸（即小脑袋与呼吸同时一动一动的）或三凹征（即胸骨上、肋间隙、锁骨上窝吸气时出现凹陷）。

如何区分新生儿胎记与皮疹

新生儿胎记

一些新生儿在背部、臀部常有蓝绿色色斑，这是特殊色素细胞沉着形成的，俗称青记或胎记，随着年龄的增长可消退。

新生儿皮疹

新生儿皮疹是新生儿常见体征，大多不是病变，属于自然现象，长大些后自然消失。需要新手爸妈们了解和识别，以便在家观察和处理。

◆**新生儿红斑**：常在生后1~2天内出现，原因不明。皮疹为大小不等、边缘不清的斑丘疹，分布于头面部、躯干、四肢，婴儿无不适感。皮疹多于1~2天内消退。注意保持皮肤清洁、干燥即可。

◆**粟粒疹**：在鼻尖、鼻翼、面颊及颜面等部位，常可见到针头样黄色的粟粒疹，这是皮脂腺堆积而形成的，脱皮后自然消失。

◆**汗疱疹，又称白痱**：炎热季节常见，多由于新生儿汗腺功能欠佳，皮肤排泄汗液不畅造成汗腺阻塞所致。常发生在新生儿前胸、前额、颈部、腋窝、肘窝、腘窝等出汗较多或皮肤皱褶处。可表现为针头大小的汗疱疹。防治关键在于保持居室通风凉爽，皮肤清洁卫生，衣服柔软舒适，减少摩擦。一旦发现痱子顶端有脓疱或新生儿出现发热，应及时就医。

◆**橙红斑**：即经常看到的眼睑红斑，是新生儿眼睑上的微血管痣，数月内可消失。

◆**毛囊炎**：为突起的脓疱，周围有很窄的红晕，以颈根、腋窝、耳后、肘曲处多见，不需特殊处理，一般数日内消退。如果发现多日不退或红晕增大或新生儿有发热，应及时就医。

新生儿吐奶，急坏新妈妈

婴儿吃奶后，如果立即放在床上平卧，奶汁会从口角流出，甚至把刚吃下去的奶全部吐出。如果喂奶后把婴儿竖抱一段时间再放到床上，吐奶就会明显减少。医学上把这种吐奶称为溢奶。溢奶属于比较轻的吐奶。

溢奶与发育和喂养方式有关

溢奶是新生儿比较常出现的症状之一，与发育和喂养方式有关：

(1)新生儿胃容量较小，胃呈水平位，食管括约肌松弛，胃肠道还没有发育完全，内容物容易溢出。

(2)喂养方法不当，如吃奶过于频繁、量过多，母亲乳头内陷或奶嘴内没有充满乳汁，导致婴儿吞入大量空气而发生溢奶。

(3)护理方面不注意，如婴儿吃完奶后，频繁改变体位等。

(4)婴儿有肠胃方面的疾病导致孩子出现吐奶问题，这种情况比较罕见。

预防新生儿吐奶，需做好以下几点

◆**孕期关注乳头保健**：如果孕期发现乳头内陷，应在专业人员的指导下进行矫正。

◆**喂奶时应注意**：

(1)母乳喂养时，尽量做到将乳头和乳晕含在宝宝嘴中，以减少空气的吸入。

(2)尽量避免宝宝大哭之后马上喂奶。

(3)避免在宝宝躺着的时候喂奶。

(4)喂奶过程不要随意打断，应避免因突然的噪音、灯光的刺激和其他行为中断喂奶。

◆**喂奶后要做到：**将小宝宝轻轻抱起，头靠在母亲肩上，轻拍宝宝背部，使其胃内空气排出。

空心掌

> 将小宝宝轻轻抱起，头靠在母亲肩上，轻拍宝宝背部，使其胃内空气排出。

◆**特别提醒：**宝宝睡眠时最好右侧卧位，以防止因睡眠时吐奶而窒息。

如经过预防和指导后吐奶症状无改善，或宝宝体重增长不好，则要及时寻求医生的帮助。

留言板

预防宝宝呛奶，记住这 5 点

新生儿由于生理原因，很容易吐奶，一旦乳汁进入气管就会造成呛奶，如果不及时处理会造成窒息等严重不良后果。呛奶多与喂养有很大的关系，需要引起家长的重视，细心注意就可避免。

预防呛奶的要点

◆**喂养姿势需正确**：母乳喂养的宝宝应斜躺在妈妈怀里（上半身与水平面成30~45度角），不要躺在床上喂奶。人工喂养的宝宝吃奶时不能平躺，应取斜坡位，奶瓶底高于奶嘴，防止宝宝吸入空气。

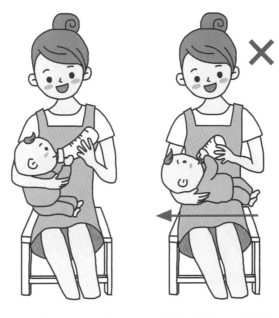

婴儿上身竖直不易呛奶　　　　婴儿平躺仰头容易呛奶

◆**喂奶时机需合适**：避免在婴儿哭闹或欢笑时喂奶，不要等宝宝很饿了才喂，吃得太急容易呛奶；吃饱了就不要再喂，强迫喂奶也易发生意外。

041

◆**喂奶速度需控制**：妈妈泌乳过快奶水量多时，用手指轻压乳晕，可减缓奶水的流出。人工喂奶时奶嘴孔不可太大，倒过来时奶水应成滴而不是成线流出。

◆**做到边喂边观察**：妈妈的乳房不能堵住宝宝鼻孔，注意观察宝宝的脸色表情。如发现宝宝嘴角有奶溢出或口鼻周发青，应立即停止喂奶。

◆**喂完及时排出气体**：将婴儿直立抱在肩头，轻拍其背部帮助排出胃内气体，最好听到打嗝，再把宝宝放回床上。

发生呛奶的紧急处理方法

新生儿呛奶时会出现面色红紫、呼吸不畅、哭不出声，一旦发生呛奶，应进行紧急处理：

(1)立即将新生儿面朝下俯卧于妈妈腿上，一手抱新生儿，一手以空心掌叩新生儿背部，以促使呛入的奶汁咳出。

(2)清理口腔异物：妈妈可用手指缠纱布伸入宝宝口腔，将溢出的奶汁清除，避免婴儿吸气时再次将吐出的奶汁吸入气管。

(3)刺激宝宝使其哭叫或咳嗽：用力拍打宝宝背部或刺激其脚底板，让其哭叫或咳嗽，以利于气管内的奶咳出，缓解呼吸。有效处理后，新生儿会哭出声，面色转红。

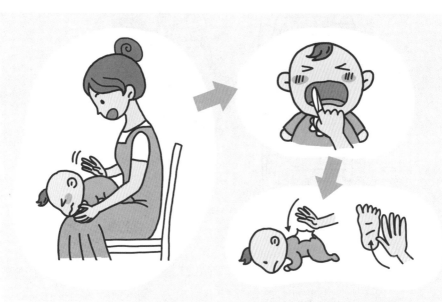

新生儿的这两种异常情况是病吗

门诊见闻：新生命的诞生，虽然使一个家庭忙碌起来，但带来的更多是惊喜。当新生宝宝尽情地享受着亲人的照顾、爱抚和呵护时，小小的躯体中时不时会出现一些不寻常的现象，让为他（她）忙碌的人们惊慌失措。本文谈到的就是两个常见的生理现象：乳腺增大和假月经。因为在日常门诊中，为此而来就诊、咨询的家长总是不断，甚至有的家长采取不当的方法处理，比如挤压乳腺而造成感染。

◆**乳腺肿大：**男女婴儿皆可发生，多在出生后 3~5 天出现，如蚕豆或鸽蛋大小。这是因母亲雌激素对胎儿的影响中断所致，生后 2~3 周自然消退，切勿强行挤压，以免造成继发性感染。

◆**假月经：**有些女婴出生后 1 周，可见阴道少量出血。这是由于胎儿阴道上皮及子宫内膜受母体激素影响，与母体排卵前相仿，出生后母体雌激素影响中断，造成类似月经的出血，称假月经。不需要处理，数天后可消失。

新生命的健康成长，离不开科学的喂养。母乳喂养的诀窍在哪里？母乳喂养中存在哪些难题？辅食该如何添加？宝宝缺乏的营养素该如何补充？这些困惑一直萦绕在新妈妈心头。

第二章
宝宝的营养与喂养

第一节
母乳喂养诀窍

促进母乳喂养成功的一些建议

母乳喂养是一门需要学习的技能，它是在不断学习和实践中逐渐完善的。要成功地实现母乳喂养不仅仅是母亲的事，还需要家人和社会的支持。

为了使全社会积极鼓励和支持母乳喂养，拓宽母乳喂养的内涵，创造一种爱婴、爱母的社会氛围，世界母乳喂养行动联盟组织发起了一项全球性的活动——世界母乳喂养周（World Breastfeeding Week），即每年的8月1日至7日，旨在促进社会和公众正确认识母乳喂养的重要性并支持母乳喂养。

母乳喂养促进母婴身心健康

母乳有着超常能力，对孩子的一生有益。母乳不仅含有婴儿生长发育所需的全部营养成分，还含有丰富的免疫物质。对于成长中的婴儿，不仅能促进其正常生长发育，还可以减少感染性疾病的发生，为成年期奠定健康的基础。研究表明，母乳喂养有利于预防成年期慢性病的发生，比如肥胖、糖尿病、心血管疾病、高血压、过敏性疾病、龋齿等，母乳对健康的益处，与喂养时间和喂养量有关。

母乳喂养能降低母亲患病的风险。母乳喂养在一定程度上能够使母亲享受到为人母的满足，让婴儿潜意识地感受到来自母亲的关爱，更加有安全感，利于母婴间感情的交流。同时可以促进子宫的收缩，减少出血，预防贫血。有研究表明，母乳喂养可以降低新妈妈患卵巢癌、乳腺癌的危险，保护母亲的健康，减少某些疾病的发生率。

促进母乳喂养成功的一些建议

1. 尽早开奶

按照世界卫生组织和联合国儿童基金会的建议，产后 30 分钟应尽可能给宝宝开奶，新生儿与母亲同室同床，以便以不定时、不定量的哺乳原则按需喂养，使宝宝得到最珍贵的初乳。即使产后妈妈身心疲惫，乳房也不感到胀，也一定要及早让宝宝吸吮乳房，以免失去开奶的最佳时机。

2. 随时喂奶，促进母乳分泌

刚开始不必硬性规定喂母乳的次数、间隔时间和喂奶量，建议每当宝宝啼哭或觉得该喂了时就抱起喂母乳，宝宝能吃多少就吃多少，这样可使母亲体内的催乳素分泌增多，从而使泌乳量增加，并且还可预防母亲发生乳腺炎，而影响宝宝吃母乳。

3. 初乳，一定要喂给宝宝

初乳是产妇分娩后 1 周内分泌的乳汁，颜色淡黄，黏稠，含有丰富的蛋白质。初乳分泌量虽然少，但对正常婴儿来说足够了。初乳具有营养和免疫的双重作用，含有婴儿所需的全部营养及大量的抗体和白细胞，能保护宝宝免受细菌和病毒的感染，是新生儿抵抗各种疾病的保护伞。因此，即使母乳再少或者准备不喂奶的母亲，也一定要把初乳喂给孩子。

4. 避免喂奶时间过长

正常婴儿哺乳时间是每侧乳房 10 分钟，两侧 20 分钟已足够了。从一侧乳房喂奶 10 分钟来看，最初 2 分钟内新生儿可吃到总奶量的 50%，最初 4 分钟内可吃到总奶量的 80%~90%，以后的 6 分钟几乎吃不到多少奶。因此，建议每次喂奶时间控制在 30 分钟内。

正确的喂奶姿势和衔乳技巧

喂奶是哺育宝宝最基本的生活技能，想让母婴双方完美配合，需要妈妈具备相应的知识与技能，比如喂奶姿势、时间、方法以及宝宝的衔乳技巧，这样宝宝才能轻松愉快而又健康安全地成长。

(1)最好的喂奶姿势是坐着。尤其是 3 个月以内的宝宝，头和脖颈都没什么力气，如果妈妈躺着给宝宝喂奶，不小心睡着了，宝宝的鼻子和嘴巴就会被乳房压住，自己又无能力挣开，就有可能发生窒息。

坐着喂奶要点：①妈妈坐在有靠背的椅子上，再准备一个小板凳。给宝宝喂奶时，如果宝宝吮吸左边的乳房，就把左腿踩在凳子上，反之同理。这样可以更加轻松地抬高宝宝的头部，让宝宝更容易喝到奶。②可以把宝宝抱起来，倚靠在妈妈的大腿上，同时让宝宝枕在妈妈的手臂上，利用手腕的力量支撑着宝宝的背部。③妈妈可以用另外一只手托着自己的一边乳房，先用乳头试探一下，让宝宝自己把嘴张开。如果孩子已经张嘴了，就把乳头贴在宝宝嘴边，让宝宝将整个乳头含住。

只含住乳头没有含到乳晕吸不到奶

(2)正确的衔乳姿势是把乳晕含进去：先让宝宝的下唇抵住下方乳晕的边缘，然后把乳头"挤"进口腔，这样才能把整个乳晕都含进去。

有的新手妈妈给宝宝喂奶时会痛，其根本原因是宝宝衔乳姿势不正确；很多新生宝宝有吃几口就累得要睡，或者吃了半天也吃不饱的问题，多半也是因为衔乳姿势不正确。正确的衔乳姿势是非常舒服完全不痛的，而且宝宝在衔乳姿势正确的情况下，吃奶也会很省力，吃得更多更快。

(3)每次喂奶时间最好控制在 20~30 分钟，同时避免让宝宝含着妈妈的乳头睡觉。

如何做到 6 个月纯母乳喂养

世界卫生组织及国家卫生健康委员会建议，婴儿 6 个月内应纯母乳喂养，无须添加水、果汁等液体及固体食物，以免减少婴儿的母乳摄入，从而影响母亲乳汁分泌。

每一位新妈妈都希望产后能够用自己的乳汁喂养宝宝。但在实际生活中仍然有许多妈妈会遇到一些难题，不能成功进行母乳喂养，想做到 6 个月内纯母乳喂养更难。所以，今天在这里提醒新妈妈们，成功进行纯母乳喂养既要有充足的信心，还要掌握正确的方法。

(1)母亲在孕期就应该建立母乳喂养的信心，并做好具体准备，如孕晚期每日用温开水擦洗乳头，向外轻拉几次，使乳头皮肤坚实并防止乳头内陷，以利于新生儿吸吮。

(2)母亲孕期体重应维持在正常范围：体重增加最好在 12~14 千克，这样既可储存脂肪以供哺乳能量的需要，又可减少妊娠糖尿病、高血压、剖宫产、低体重儿或巨大儿的危险。

(3)早开奶对成功建立母乳喂养很重要：产后 2 周是建立母乳喂养的关键时期。所以，最好产后 1 小时内帮助新生儿尽早实现第一次吸吮。

(4)耐心、坚持、放松，保证乳汁顺利分泌：母乳的分泌确实因人而异，应放松心情，坚持让宝宝吸吮乳头。关注以下 4 个方面，可促进乳汁分泌：①按需哺乳。3 月龄内的婴儿应频繁吸吮，每天不少于 8 次，这样可使母亲的乳头得到足够的刺激，促进乳汁分泌。②排空乳房。吸吮产生的"射乳反射"可使婴儿短时间内获得大量乳汁，每次哺乳时要喂空一侧乳房再喂另一侧，下次从未喂空的一侧乳房开始。③乳房按摩。哺乳前热敷乳房，从外侧边缘向乳晕方向轻拍或按摩乳房，以促进血液循环和泌乳作用。④乳母要保持心情愉快、睡眠充足、合理营养，需要每天额外增加能量500 千卡。

(5)掌握正确的喂哺技巧：①哺乳时机。应在婴儿清醒状态、有饥饿感，并已更换干净的尿片时哺乳。哺乳前可以让婴儿舔母亲的乳房，婴儿的气味和身体的接触可刺激乳母的射乳反射。②哺乳姿势。可以斜抱式、卧式、

049

抱球式，以母婴舒服为原则。婴儿的头和身体呈一条直线，身体贴近母亲。③衔乳姿势。婴儿的下颌要贴在乳房上，嘴张得很大，将乳头和大部分乳晕含在嘴中，吸吮时可听到吞咽声。④哺乳次数。3个月内的婴儿应按需哺乳；4~6个月龄逐渐定时喂养，每3~4小时1次，每日约6次，可逐渐减少夜间哺乳。

留言板

生娃照书养？喂奶"按表作业"不可取

门诊见闻： 在专科门诊接待的有限病人中，三分之一咨询的是关于宝宝喂养的问题，其中一个年轻妈妈反复问着同样的问题：宝宝每次吃奶量不同、间隔时间也有差异，正常吗？从她的表情里可以看出，她为此非常紧张和不安。她的宝宝近3个月里奶量有时相差20毫升左右，检查发现宝宝精神状况及发育均好，我告诉她这种吃奶情况没问题，她用怀疑的目光看着我，因为她是一个爱读书的妈妈，看了很多关于宝宝喂养的书，她是严格按书上要求的奶量和间隔时间喂养宝宝的，因而出现了与实际情况的差异。

我完全理解这位妈妈的心情，在我的工作经历中遇到过很多这种疑问，记得一年前有一位同事整天唉声叹气，我问她怎么了，她告诉我她的宝宝整天哭闹，体重不增加，当排除疾病因素外，发现也是喂养问题，按照书上的要求"按表作业"，结果宝宝处在总是吃不饱的状况，改变喂养方法之后哭闹问题也迎刃而解。

世界卫生组织制定的婴幼儿喂养原则建议母乳喂养6个月，如果有病理情况不能母乳喂养，需要选择母乳化的配方奶，根据宝宝的体重判断喂养的效果。

1~2个月： 如果母乳分泌很好，哺乳次数应逐渐稳定，每天7~8次，只要宝宝每周体重能增加150~200克，就说明喂养效果很理想；如果每周体重增加不足100克，就说明母乳不够，此时宝宝会经常哭闹，需要适当增喂配方奶。

对于人工喂养的宝宝，以出生体重3千克的宝宝为例，每天吃600~800毫升的配方奶为宜，每次90~150毫升。

3~4个月： 这个时期宝宝的食欲比较旺盛，喂奶间隔的时间会变长，每天喂5~6次，每天

800~1000毫升，每次150~200毫升，宝宝体重每天增加30克左右比较理想。

5~6个月：宝宝的活动量逐渐增加，消耗的热量也增多，开始对乳汁以外的食物感兴趣了，无论是吃母乳还是喝配方奶，此时宝宝的主食仍以乳类为主，奶量不减，维持在每天1000毫升左右，体重每天增加15~20克即可。此时宝宝已经准备长牙，有的宝宝已经长出了一两颗乳牙，可以通过咀嚼食物来训练宝宝的咀嚼能力，每天可给宝宝尝试一些米糊。

7~8个月：宝宝萌出乳牙，有了咀嚼能力，同时舌头也有了搅拌食物

的功能，喂养上也随之有了一定的要求，可以添加一些鱼泥、肉泥、猪肝泥等，也可吃烂粥、烂面条等。随着辅食的增加，奶量可减少，每天奶量800毫升左右。

9~10个月：随着乳牙萌出，宝宝的消化能力也比以前增强。母乳喂养儿除了早晚睡觉前喂点母乳外，白天应逐渐减少喂母乳；人工喂养儿，配方奶仍应保证每天600~800毫升。可在稀饭或面条中加肉末、鱼、蛋、碎菜、土豆、胡萝卜等。

11~12个月：此时的宝宝不再以母乳、配方奶为主要的日常饮食。但并不是要停止吃奶，奶量每天最好不少于500毫升。

如何判断宝宝是否吃到了足够的母乳

我和我的团队做了一项关于 3 个月内宝宝纯母乳喂养情况调查，结果显示：3 个月内的纯母乳喂养率只有 20% 左右，其中一个主要的原因是妈妈担心宝宝吃不饱，因此给宝宝添加配方奶，常见的情况有：①宝宝一哭就怀疑自己的奶水不够；②宝宝吃奶次数多了一些就怀疑宝宝没吃饱；③宝宝每次吃奶时间长了一些就怀疑宝宝没吃饱。这些主观判断无形中干扰了母乳喂养，而且不断地在传播延续，似乎成为很多妈妈们的经验之谈。所以，促进母乳喂养成功，宣传教育至关重要，需要打破以往不科学的观念，用一些客观情况判断宝宝是否吃到了足够的母乳，做到心中有数，增加母乳喂养的自信心。

宝宝的大便、小便和体重情况是判断宝宝是否吃到了足够母乳的重要客观指征。

如何观察大便

主要是观察大便颜色和次数：新生宝宝最初 2~3 天内排出的大便呈深绿色、较黏稠，类似黑色沥青样，称为胎便，主要由脱落的肠上皮细胞、咽下的羊水及消化液所形成。正常新生宝宝多数在生后 12 小时开始排便。如果乳汁供应充分，2~4 天后大便由深绿色转为黄色。母乳喂养的宝宝大便为金黄色、糊状，多数宝宝每天排便至少 3 次，每次的量应大于直径 2.5

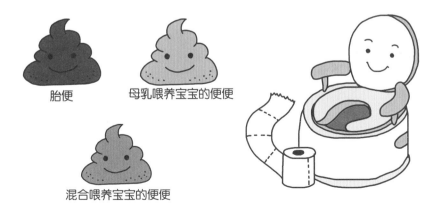

胎便

母乳喂养宝宝的便便

混合喂养宝宝的便便

厘米的圆。随着宝宝长大，1~2 个月后，大便的次数可能会减少，甚至会出现 1~2 天才排 1 次大便，但每次的量会增多。

如何观察小便

90% 以上的新生儿出生后 24 小时内会排尿。在最初的几天里，通常会在排便时排尿。如每天 8~10 次以上，每次尿量不少，则表示宝宝每天摄入的乳量足够。

如何观察体重

一般情况下，宝宝出生后 1 周内，会出现生理性体重下降，下降幅度为 5%~7%。

宝宝需要在固定时间、在同样的情况下全裸称重。不需要每天称重，建议出生头 2 个月每周称重 1 次，3 个月后每月 1 次，6 个月以后每 2 个月 1 次或逐渐拉长间隔。

母乳喂养的宝宝，大概 4~5 个月时体重会达到出生时的 2 倍，12 个月时达到出生体重的 2.5~3 倍。

世界卫生组织 2006 年公布的宝宝生长标准	
宝宝月龄	每周体重增长值 / 克
出生~3 个月	155~241
4~6 个月	92~126
7~12 个月	50~80

乳量不足的判断与处理方法

母亲用自己的乳汁喂养宝宝，是人类最原始、最本能的喂养婴儿的方法，但是今天想要顺利成功地进行母乳喂养却不容易。

门诊见闻：宝宝出生 2 周了，当一家人沉浸在新生命诞生带来的惊奇和喜悦中时，烦恼也悄悄地找上门来了。喂养宝宝成了每天最重要的事情，新爸爸、新妈妈知道母乳喂养的好处，也知道让宝宝亲自吸吮奶头对母婴近期和远期的影响。但是奶奶爷爷的观点却不同。奶奶爷爷一定要妈妈把母乳挤在奶瓶中喂宝宝，他们认为这样才能放心地知道每次宝宝能吃到多少毫升的奶，以便判断母乳是否充足、宝宝是否能吃饱。年轻的爸爸妈妈无法说服老人，这成了他们最苦恼的事。

爷爷奶奶关爱宝宝，仅仅关注的是宝宝吃奶的量，忽视了母亲和婴儿的情绪情感，以及母亲产后子宫的恢复等，无意中让宝宝过早接触奶瓶。

母亲有天生的能力喂好自己的婴儿。正常乳母产后 6 个月内每天的乳量会随婴儿月龄的增长而逐渐增加，成熟乳量平均可达每天 700~1000 毫升。

婴儿母乳喂养不足可出现以下表现：①体重增长不足，新生儿期体重增长低于 600 克。②尿量每天少于 6 次。③吸吮时不能闻及吞咽声。④每次哺乳后哭闹不能入睡，或入睡时间小于 1 小时（新生儿除外）。

如果确定母乳量不足，母亲也要有信心不要轻易放弃母乳喂养，这时家庭其他成员的鼓励很重要，可在每次哺乳后用配方奶补充母乳的不足。

促进乳汁分泌，做到以下 4 点：①按需哺乳。3 月龄内的婴儿应频繁吸吮，每天不少于 8 次，这样可使母亲的乳头得到足够的刺激，促进乳汁分泌。②排空乳房。吸吮产生的"射乳反射"可使婴儿短时间内获得大量乳汁，每次哺乳时要喂空一侧乳房再喂另一侧，下次从没喂空的一侧乳房开始。③乳房按摩。哺乳前热敷乳房，从外侧边缘向乳晕方向轻拍或按摩乳房，以促进血液循环和泌乳作用。④乳母要保持心情愉快、睡眠充足、合理营养，需要每天额外增加能量 500 千卡，以促进乳汁分泌。

科学保存母乳的关键技巧

世界卫生组织对婴儿喂养的建议是: 0~6个月的婴儿最好纯母乳喂养。

母乳是任何食物都无法替代的婴儿最理想的食品。每一个妈妈都想用自己的乳汁喂养宝宝,但在实际生活中,妈妈总有一些时间离开婴儿而不能及时哺乳,这时保存母乳就显得很重要了。科学保存母乳才能保证母乳卫生、营养素齐全、对母婴不造成伤害。以下分享科学保存母乳的几个关键环节,供"背奶族"参考。

母亲为储奶要做的准备

(1)挤奶前,母亲一定要用香皂或洗手液彻底洗手。

(2)储奶用具最好选用适宜冷冻、密封良好的塑料母乳保鲜袋或玻璃器皿。无论选择哪一种,盛装母乳的容器必须保持干净无菌才能使用。

(3)为了保持泌乳量,无论在外多忙,母亲最好保证每3个小时吸一次奶,这样可以防止奶涨和泌乳量的减少。

保存母乳的关键技巧

(1)乳汁一旦被挤出,应立即储存在适当的条件下,以防乳汁的营养和质量变差。挤出的母乳待其温度接近室温后,再放入冷冻柜。

(2)装母乳的容器要留点空隙,不要装得太满或把盖子拧得太紧,以防容器冷冻结冰而涨破。最好能按照宝宝的食量分成适宜的小份冷冻或冷藏,方便家人根据宝宝的食量喂食,避免浪费。

母乳储存条件

储存条件	最长储存时间
室温(25℃)	4小时
冰箱冷藏室(4℃)	48小时
冰箱冷冻室(-20℃)	90天

(3)母乳储存有时限性，冰冻母乳时必须在容器上标明时间。

(4)保存母乳的冰箱温度很重要。冰箱内除储存母乳外，最好不要混合放任何其他药品和杂物。

给婴儿喂养储存奶的技巧

(1)解冻母乳：①放置在冷藏室慢慢解冻退冰；②先用冷水冲洗密封袋，将结冻的母乳袋泡在 60℃以内的温水中，直至母乳完全解冻。不要将母乳直接用炉火或者微波炉加热，这样会破坏母乳中的养分。

(2)解冻后的母乳用温水加热到 40℃左右，直接倒入奶瓶中就可以喂宝宝了。

(3)因为母乳中含有很多油脂，所以母乳冰凉后会出现分层现象，加热后要轻轻摇晃，使其混合均匀再喂食。

(4)解冻后的母乳不能再次冷冻，若没有用完，可以放回冰箱的冷藏区，还可保存 4 小时。

解冻后的母乳加温后若未食用，就不可再次冷藏，需要丢弃。

第二节 母乳喂养的常见问题

宝宝突然不吃奶了，是真厌奶还是假厌奶

门诊见闻：有烦心的妈妈来找我，说她的宝宝前几天吃奶还好好的，这几天突然就不吃了。全家人想尽了办法，但宝宝就是不像以前那样吃奶了，碰到奶嘴舌头就往外顶或者含着奶嘴不吸吮，真急死人了。有的家长怕饿着宝宝，用勺子硬给他灌进去，有的家长趁宝宝睡觉时强行让他吃着奶睡，这些都不是可取的办法。

大家知道，出生后3个月是宝宝生长最快的时候，可达到出生时体重的2倍，后9个月相当于前3个月的体重，也就是说1岁时体重可达到出生时的3倍。我们可以看到宝宝在生后前几个月里，吃奶通常很专注，体重也增长很快，年轻的爸爸妈妈们除每天忙碌于哺育宝宝的琐事外，也分享着宝宝成长的快乐！就在这时，大部分的宝宝开始对吃奶没有了"热情"。如果你的宝宝发育正常，活力很好，只是吃奶量暂时减少，那就说明他处于医学上所说的"生理性厌食期"。生理性厌食是指4~5个月的宝宝出现的暂时的厌奶状况，通常经过1个月左右就会自然恢复。

怎样帮助宝宝度过"厌奶期"呢？

首先，家长要保持轻松的心情，否则不良情绪会传递给宝宝，使宝宝对食物进一步产生抗拒。

其次，不用强迫手段让宝宝被动进食，以免其产生恐惧感。

再次，适时添加辅食，给宝宝一些新的尝试，也可以改变一下喂养方式，不需要"按表作业"，可以少量多餐，等宝宝想吃的时候再吃，让他主动进食。

最后，别忘了关注宝宝的情绪，在他醒来时跟他一起做做运动、说说话，爱心的交流和肌肤的接触对宝宝身心发育均有帮助。

相信每一对父母均能轻松愉快地帮助宝宝度过"厌奶期"。

乳头混淆，应该这样纠正

乳头混淆，是指新生宝宝在吸吮母亲乳头之前先吸吮了奶瓶，或因各种原因频繁地给宝宝使用奶瓶喂养，致使宝宝不会吸吮或不愿吸吮母亲乳头的现象。

发生乳头混淆的原因，多与家长认为奶瓶喂养和母乳喂养没有什么区别有关。家长们要纠正误区，耐心训练，使宝宝逐渐配合母乳喂养。

发生乳头混淆，可以这样纠正：

马上停止使用奶瓶：如宝宝始终不愿意含妈妈的乳头，可把勺子作为过渡工具，保证营养补充，让宝宝逐渐爱上母乳的味道。

建立母子关系：妈妈要多拿出一些时间和宝宝互动，如抱着宝宝对他说话、和他肌肤接触。

让孩子更容易吸奶：妈妈可以尝试哺乳前按摩乳房，刺激奶阵，这样宝宝轻松一吸就能吃到奶水，也就不会排斥母乳了。

坚持母乳喂养，杜绝使用奶瓶喂养：切记不能因为奶水不足，担心宝宝的营养而擅自改用奶瓶喂养，这会导致前功尽弃。让宝宝多吸吮母亲的乳头，同时妈妈营养要均衡、多吃能增加奶量的食物、保持心情愉快并要有自信心，相信宝宝一定会吃到足够的奶水。

乳头疼痛和皲裂，母乳喂养的大敌

大多数母乳喂养不成功源于乳头疼痛和皲裂。妈妈们常这样描述：哺乳时往往有撕心裂肺的疼痛感觉，让人坐卧不安，极为痛苦。发生这种情况的主要原因是宝宝的衔乳姿势不正确、宝宝在吸乳时咬伤乳头，或有其他因素导致的乳头损伤。

乳头疼痛和皲裂喂养指导

哺乳后护理： 哺乳结束后挤出几滴乳汁抹在乳头上，让其自然风干。因为乳汁里含有大量白细胞和巨噬细胞，具有很好的消炎杀菌作用，所以有助于伤口愈合。

哺乳顺序： 先在疼痛较轻的一侧乳房哺乳，以减轻宝宝对另一侧乳房的吸吮力。哺乳时把乳头和大部分乳晕含在婴儿口内，以防乳头皮肤皲裂加剧。

哺乳时间： 不超过 20 分钟，两侧乳房交替喂奶，每侧 10 分钟左右。

哺乳次数： 建议勤哺，以利于乳汁排空、乳晕变软，乳晕变软也利于婴儿吸吮。同时乳房排空也可以防止乳房肿胀，乳房肿胀则乳汁更难排出，从而可导致乳腺炎等更严重的问题。

如果乳头疼痛剧烈或乳房肿胀，婴儿不能很好地吸吮乳头，可暂停哺乳 24 小时，但应将乳汁挤出，用小杯或小匙喂养婴儿，不能中断母乳喂养。

宝宝多大可以喝新鲜牛奶

众所周知，母乳是婴儿最理想的天然食品，但是由于各种原因，母乳不能保证喂养时，大家想到最多的就是代乳品：配方奶和鲜牛奶。

如果宝宝需要人工喂养，母乳化的科学配方奶肯定是首选。但还是有不少家长搞不清配方奶和鲜牛奶在婴儿喂养上的差别。

鲜牛奶对于婴儿来说不合适

因为鲜牛奶中含有太多的大分子蛋白质和磷，铁和叶酸含量较低，而小婴儿胃肠道的消化功能还没有发育完善，所以如果喝鲜牛奶，易出现肠胃不消化和缺铁的问题。另外，鲜牛奶经过高温煮沸后，所含的叶酸和维生素 B_{12} 的抗贫血因子会有很大的损失，可导致宝宝贫血。

多大的宝宝可以喝鲜牛奶

1 岁以后的孩子胃肠道消化功能基本发育成熟，如果每天能吃两餐辅助食物的话，那么鲜牛奶中不足的铁和维生素等就可由辅助食物补充，这个时候开始喂鲜牛奶比较合适。

从母乳或配方奶过渡到鲜牛奶，需要有一个过程，可以先少量地添加鲜牛奶，让宝宝的胃肠道有一个适应的过程，在添加的过程中注意观察孩子的大便，如果大便正常可以酌情增加鲜牛奶的量。如果大便中出现较多奶瓣，则要酌情减量。

来一场不哭不闹的顺利断奶

母乳喂养的宝宝和妈妈都会遇到断奶的问题。无论宝宝还是妈妈，在这个过程中都将经历生理和心理上的不适应，所以正准备断奶的妈妈们困惑多多、担忧重重。

门诊见闻：我听到过很多新妈妈的问题和苦恼，比如：什么时间断奶合适？自己奶水越来越少，又要上班，宝宝见了妈妈就不吃奶粉了；宝宝吃不饱总是哭闹或夜间总是醒来；宝宝的依恋、妈妈的不忍，优柔寡断搞得身心疲惫；担心宝宝会营养不良；为了断奶，妈妈要出去旅游避开宝宝或在奶头上涂些辛辣的材料或苦药……似乎断奶是一件非常艰难的事情。

断奶是指在正常母乳喂养过程中，由以母乳为唯一食品过渡到用母乳以外的食品来满足宝宝的全部营养需要的转变过程。

何时给宝宝断奶好

关于断奶的时间，有着不同的意见。世界卫生组织建议，母乳喂养应持续到至少两周岁（主要是针对一些发展中国家营养匮乏的孩子）。美国儿童医学协会建议，母乳至少喂到一岁，直到母子双方都感到可以断奶的时候。我国的专家建议，从 10 个月开始可以断奶。虽然母乳是婴儿最好的食品，但其所含的营养只能满足 6 个月前婴儿的需要。随着孩子逐渐长大，需要添加辅食来补充母乳中不足的营养素，以保证婴儿得到充分的营养，从而健康地成长。

开始添加辅食就可以为断奶做准备了，每一个孩子和每一个妈妈都不一样，妈妈要学会判断。比如，8~9 个月的宝宝长牙了，咀嚼能力也强了，每天能吃多种食物和一定量的牛奶，而母乳越来越少，妈妈又要上班，这时就可以选择断奶了。如果妈妈的乳汁非常充足，又不用上班，也不影响宝宝辅食的添加，也可以 1 岁后再断奶。

怎样才能顺利断奶

即使宝宝和妈妈都具备了断奶的条件，真正断奶时也要找对方法才能顺利断奶。

断奶要避开宝宝身体不适的时期：很多人认为春天和秋天是断奶的最佳时间，我不这么认为，断奶不应该有绝对的季节限制，应该根据实际情况而行，尽量避开宝宝身体不舒服或天气过冷、过热即可，因为这时宝宝的体质较弱，消化功能较差，容易引起消化不良。

断奶要循序渐进：断奶是一个过程，不能强求，要让母婴都慢慢适应。随着宝宝的长大，可以逐渐添加辅食，让宝宝逐渐适应各种食物，同时减少哺乳的次数，比如减一次哺乳，用配方奶代替。如果宝宝不愿意吃辅食和配方奶，妈妈要有耐心地让宝宝尝试，在宝宝饥饿的时候喂辅食或配方奶，注意利用辅食的色香味来引起宝宝进食的兴趣。

妈妈要多给宝宝关爱：有些妈妈为了让宝宝不想母乳，采取躲避的办法，这是不可取的。因为断奶对宝宝来说是件痛苦的事，再跟妈妈分离，就等于增加了感情上的折磨。妈妈应该多陪宝宝玩、分散他的注意力，给他精心准备辅食，玩累了、吃饱了，宝宝就不想母乳了，坚持几天，就断奶了。

第三节
特殊情况下的母乳
喂养建议

 哺乳妈妈感冒了，如何用药和母乳喂养

哺乳期的妈妈难免会有感冒、发热、不舒服的情况，她们常为此感到紧张、焦虑又无助。

妈妈们常常会提出这样的咨询问题：感冒发烧了，能否继续喂奶？已经自行"断奶"，但要断多久？哺乳期感冒能吃哪些药？服中药是最安全的吗？亲戚家人买很多保健营养品及免疫增强品，吃还是不吃呢？……

妈妈感冒后，能否继续给宝宝喂母乳

感冒是一种常见病，常由病毒引起，大多数可以自愈。一般情况，感冒有潜伏期，当妈妈还没有表现出症状前，可能已经感染了感冒病毒，机体便会产生抗体，妈妈乳汁里的抗体对宝宝有保护作用。

(1)如果感冒不伴有发高烧，哺乳妈妈通过多喝水、多休息、保证充足的睡眠、饮食清淡易消化，可以不需要用药，照样可以哺育宝宝，妈妈也会很快恢复。

(2)如果感冒伴有高热，最好在医生指导下用药，高热期间可以暂停母乳喂养 1~3 天，但要把母乳定时挤出来。

需要提醒的是，很多妈妈知道，感冒了接触宝宝需要戴口罩以防呼吸道传播，但忽视了手的卫生，实际上，手是一个重要的传播途径，所以如果妈妈感冒了，喂奶前或护理宝宝前后一定要用肥皂洗干净手，以避免接触传播。

感冒用药需要遵循的原则

虽然大部分药物对母乳喂养是安全的，但哺乳妈妈用药会影响乳汁，所以需要用药的妈妈，无论在医生指导下用药或是自行购药服用，均需要遵循一些用药原则，以确保安全。建议如下：

(1)选择成分单一、疗效好、半衰期短的药物。不要使用成分复杂或者写着"强效""长效"字样的药。以避免复杂的成分或者过多的剂量产生不良反应。

(2)用药遵循标准，尽可能应用最小的有效剂量，不要急于求成、随意加大剂量。

(3)对于中药的研究相对较少，不能说服中药就是最安全的，如果需要用，尽量避免服用成分复杂的中药。

(4)为了避开血药浓度的高峰期，可在哺乳后立即用药，并适当延迟下次哺乳时间或是在宝宝下一次较长睡眠开始之前服药，这样可以有多一点时间让药物在身体内代谢掉。

(5)用药前仔细阅读说明书，避免应用"禁用"药物，如必须应用，建议停止哺乳并咨询临床医师。

(6)需用"慎用"药物时，应在临床医师指导下用药，并密切观察宝宝的反应。

(7)不建议使用非必需的营养品、免疫增强品。

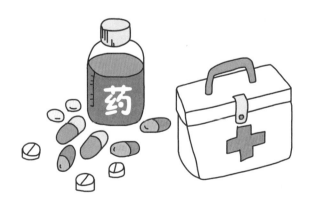

湿疹宝宝吃什么奶好

门诊见闻: 迎来一对龙凤胎,阿生全家欣喜若狂。因为女孩生来就小,妈妈就把母乳大部分给了妹妹,哥哥以人工喂养为主。2个月后,男孩开始出现面部湿疹,天气稍冷一些,皮肤粗糙得更厉害,起初用药后,皮疹很快消退,但会反复出现,现在宝宝近5个月大,湿疹不停地"骚扰"宝宝,全家人为宝宝的湿疹着急、苦恼。

奶奶爷爷不停地问我,为什么同样的护理及生活环境,女孩皮肤光滑红润,男孩却被湿疹困扰?到底是什么原因?饮食护理上有什么要注意的?

经过调整饮食,哥哥改吃母乳并口服一些抗过敏药物,1个月后复诊时已经大不一样了,哥哥头面部皮疹基本消退。

婴儿湿疹是一种什么样的病

婴儿湿疹,是婴儿时期常见的一种皮肤病,属于变态反应性(或称过敏性)疾病,病因比较复杂。患湿疹的孩子多有先天性过敏体质,受到致敏因子刺激后,就会发病。皮疹多发生在面颊、额部、眉间和头部。初为红斑,后为小点状丘疹、疱疹,很痒,疱疹破损,渗出液流出,干后形成痂皮。

湿疹有干燥型和脂溢型,前者在小丘疹上有少量灰白色糠皮样脱屑,后者在小斑丘疹上渗出淡黄色脂性液体,以后结成痂皮,以头顶及眉际、鼻旁、耳后多见,但痒感不太明显。

婴儿食物过敏要引起重视

一提起过敏,人们想到最多的是接触过敏,对于婴幼儿食物过敏,无论是家长还是医生,以往认识都不足,造成预防和治疗上的误区。全球婴幼儿专家几十年的调查研究发现,新生婴儿中,有7%~8%的宝宝存在着食物过敏。对于小宝宝来说，牛奶是最早的过敏原因，上文中的哥哥就是对牛奶蛋白过敏，改吃母乳后，症状随之减轻。小婴儿由于肠道免疫系统尚未成熟，容易对外来蛋白产生过敏，而且有过敏家族史的宝宝发生过敏的概率会更高。

湿疹宝宝吃什么奶好

能引起宝宝过敏的食物主要是含有蛋白质的食品，常见的有牛奶、大豆、鸡蛋、鱼、贝壳类、花生等。世界卫生组织推荐对有家族过敏史的宝宝，纯母乳喂养至少 6 个月，以预防宝宝食物过敏的发生。如果母乳不能保证，适度水解配方奶是预防过敏的首选。对牛奶过敏又无法母乳喂养的宝宝，可以选择完全水解配方奶或元素配方奶。过敏体质的宝宝建议添加固体食物的时间推迟到 6 个月以后，且逐步进行，一次添加一种，观察几天没反应再加另一种。

对宝宝来说，患湿疹是件很难受的事，令宝宝烦躁不安、哭闹、难以安睡。所以预防很重要，除了注意饮食外，还要保持房间及生活用品的清洁，避免用碱性大的香皂给孩子洗脸、洗澡，穿衣宜选用宽松透气的棉衣，尽量避免孩子接触花和树木的花粉等。

湿疹

梅毒妈妈的母乳喂养建议

据世界卫生组织估计，全球每年约有 1200 万新发梅毒病例，其中先天性梅毒的发病人数每年有 70 万 ~150 万。

近年来，梅毒在我国增长迅速，已成为报告病例数最多的性病，胎传梅毒报告病例数也在增加。

梅毒是人类独有的疾病，是由梅毒螺旋体引起的慢性全身性传染病。可引起人体多系统多脏器的损害，产生多种多样的临床表现，导致组织破坏，功能失常，甚至危及生命。

梅毒的传播方式主要有以下几种：

(1)性接触方式传播。

(2)血源性传播：显性和隐性梅毒患者是传染源，感染梅毒的人的皮损及其分泌物、血液中含有梅毒螺旋体。

(3)胎盘传播：如果孕妇感染了梅毒，在怀孕期间可通过胎盘传染给胎儿，引起胎儿宫内感染，可导致流产、早产、死胎或分娩胎传梅毒儿。一般认为，孕妇梅毒病期越早，胎儿感染的机会就越大。

(4)产道传播：当胎儿经过感染有梅毒的产道时，产道部位的梅毒螺旋体可传染给胎儿，导致新生儿感染梅毒而发病。

(5)间接接触传染。

婚前和产前梅毒筛查是预防胎传梅毒的两道重要防线。

孕妇应在早期或第一次产检时常规进行梅毒血清学筛查。阳性者给予正规、足量的抗梅毒治疗。①孕早期、孕中期发现的梅毒，通过正规、足量的抗梅毒治疗，可以避免胎儿不良结局的发生。②孕晚期发现的梅毒，经过治疗，可以降低先天性梅毒的发生率。

梅毒感染母亲所生的婴儿都应进行非梅毒螺旋体抗原血清试验，并进行相应的治疗和随访。

胎传梅毒的诊断：

经过梅毒相关筛查后，出现以下情况，均可做出胎传梅毒的诊断。

(1)滴度大于母亲 4 倍，无论有无临床症状。

069

(2)滴度小于母亲 4 倍，有梅毒感染的临床症状的，给予规范的治疗和随访，18 月龄时进行梅毒螺旋体抗原血清试验，阳性反应。

(3)滴度小于母亲 4 倍，无临床症状，给予预防性治疗，每 3 个月进行梅毒螺旋体抗原血清试验，任何 1 次不降或反而上升者。

(4)6 月龄时没转阴，始终维持在低滴度水平，每 3 个月进行 1 次梅毒螺旋体抗原血清试验，18 个月后仍为阳性。

梅毒感染母亲所生的宝宝母乳喂养建议：

(1)实行孕期母婴阻断，婴儿无胎传梅毒且母亲给予正规的抗梅毒治疗，快速血浆反应素试验（RPR）滴度下降 4 倍以上或在 1∶2 以下，无乳头皲裂和乳腺炎时可以母乳喂养。

(2)母亲没有经过正规治疗或治疗后滴度仍高者，应暂缓母乳喂养。

乙肝病毒阳性妈妈的母乳喂养建议

在日常工作中，经常碰到乙肝病毒阳性妈妈对母乳喂养的担心和困惑。在此谈一谈关于乙肝母婴阻断的几个问题——

何为乙肝母婴传播

乙肝母婴传播，是指乙肝病毒表面抗原阳性的母亲，尤其是表面抗原、e 抗原双阳性的母亲，在妊娠和分娩的过程中，将乙肝病毒传播给胎儿或新生儿，引起婴儿乙肝病毒感染的过程。

乙肝母婴传播的途径常见于 3 种形式：

(1)宫内传播：婴儿在母体内通过血液循环而感染乙肝病毒，这种垂直传播方式引起的感染占 5%~15%。

(2)产时传播：在分娩时婴儿的皮肤、黏膜擦伤或胎盘剥落时，母亲血液中的乙肝病毒通过破裂的胎盘，进入脐带血，进而进入新生儿体内。这一过程感染的可能性最大，这种情况也最为多见。羊水和阴道分泌物中也含有乙肝病毒，也可以传播乙肝病毒。

(3)水平传播：婴儿与母亲之间通过密切接触、母乳喂养，也可以传播乙肝病毒。

乙肝母婴传播的风险：

孕妇体内乙肝病毒基因（HBV-DNA）含量与母婴传播风险成正相关：

(1)高风险：HBV-DNA $> 1 \times 10^6$ 拷贝/毫升；

(2)低风险：HBV-DNA$=1 \times 10^3 \sim 10^6$ 拷贝/毫升；

(3)极低风险：HBV-DNA $< 1 \times 10^3$ 拷贝/毫升。

乙肝母婴传播的阻断方式

最有效的母婴阻断措施是新生儿出生后尽早注射乙肝疫苗和乙肝免疫球蛋白。

(1)乙肝疫苗：新生儿出生 24 小时内、1 个月、6 个月分别注射重组酵母乙肝疫苗 10 微克。新生儿第一针必须在出生后 24 小时内接种，接种时

071

间越早越好。

(2)乙肝免疫球蛋白：新生儿应在出生 24 小时内注射乙肝免疫球蛋白 100 国际单位。

乙肝病毒阳性妈妈母乳喂养的建议

对于乙肝病毒阳性的母亲，如果宝宝出生后及早接种了乙肝疫苗和乙肝免疫球蛋白，可以进行母乳喂养。

需要注意的事项：

(1)一定按时全程给宝宝接种乙肝疫苗。

(2)定期检测宝宝血中的乙肝表面抗体，如果为阴性，提示缺乏保护性抗体，应暂停母乳喂养，及时进行疫苗接种。

(3)如宝宝口腔或消化道黏膜有破损，乙肝病毒可进入毛细血管引起感染，此时应暂停母乳喂养。

以下情况不适宜母乳喂养：

(1)母乳中能检测到乙肝病毒。

(2)乙肝病毒阳性同时有肝功能异常的妈妈，提示病毒处于活动期，对婴儿的传染性强。

(3)母亲"大三阳"者，即乙肝标志物——乙肝表面抗原（HBsAg）、乙肝 e 抗原（HBeAg）和乙肝核心抗体（抗 HBc）为阳性。

第四节
辅食和喂养

婴儿辅食添加的学问

门诊见闻：7个半月的小婷婷，因为感冒来到门诊，化验血发现有"贫血"，经进一步检查，确诊是缺铁性贫血。妈妈一听就着急了：为什么会贫血？家庭条件很好，一直喂的是进口奶粉。在妈妈的意识中，当今这种条件不可能出现营养上的问题。追问喂养史才知道，婷婷是混合喂养，但以人工喂养为主，至今仅添加了些婴儿米粉和果汁。跟婷婷妈妈分析了原因之后，她才明白，随着宝宝的长大，妈妈们也要不断地学习，科学喂养才能满足宝宝生长发育的需要。

随着宝宝的长大，单纯乳类喂养不能完全满足6月龄后婴儿生长发育的需要，宝宝的饮食要由乳类向固体食物逐渐转化。

对于婴儿辅食的添加，妈妈们还存在很多疑问和误区，比如：喂辅食时，有的宝宝总是把头转向一边，不愿意接受，妈妈就认为宝宝不喜欢，从此再不接触这种食物了；吃了婴儿米粉之后就减奶量，因为有的妈妈认为婴儿米粉比奶有营养……

073

辅食添加，妈妈需要知道

(1)添加辅食的月龄和信号：建议为6月龄，不早于4月龄。此时，宝宝的头可以直立起来，并且能够自由转动，能够靠着坐起来了。当妈妈吃东西的时候，宝宝想要抓或者舔自己的嘴唇；当食物靠近嘴边，宝宝对新食物表现出兴趣。这都提示婴儿具备接受其他食物的消化能力了。

(2)婴儿期需要维持的奶量：即使添加辅食，仍需维持总奶量在每天800毫升左右。

(3)辅食添加的种类和方法：第一阶段，首先从强化铁米粉开始，其次是根茎类、水果。第二阶段，7~9月龄，逐渐引入肉类、蛋类、鱼类等动物性食物和豆制品。

强化铁米粉的添加：此种米粉含铁丰富，可以帮助宝宝补充体内已经匮乏的铁，预防贫血。可用水、奶或米汤调制，1匙米粉加入3~4匙温水，用筷子按照顺时针方向调成糊状（炼奶状），用勺子喂给宝宝，从每次喂1~2勺开始，直至一餐吃完，每天喂1~2次。

菜泥的添加：菜泥包括叶菜类（如油菜、菠菜等）和根茎类（如胡萝卜、土豆等）。比如菠菜泥：将菠菜叶洗净之后炖烂，将炖烂的菠菜捣碎并过滤即可。也可将青菜洗净后切成碎末，再加少量水煮2~3分钟即可。胡萝卜泥的制作：取新鲜胡萝卜洗净后切碎，用锅蒸熟或用水煮软，放入碗内用汤匙碾成细泥状即可。

水果泥的添加：水果泥做法简单，味道也比较好，宝宝很喜欢吃，所以要先添加菜泥后添加水果泥，而且不能让宝宝吃得太多，以免造成膳食不平衡，每次2~3勺比较合适。比如苹果泥：苹果半个，去皮，用小勺轻刮苹果表面，刮出细泥。枣泥：将红枣蒸/煮熟，去皮去核，碾成细泥。

辅食添加注意事项

辅食添加是一个过程，宝宝从习惯吸食乳汁到吃泥糊状食物，需要有一个逐渐适应的过程。

添加辅食时，需注意以下几点：

(1)健康时添加。

(2)不要放在奶瓶里喂，要用小勺来喂。奶水可以直接到咽部，而糊状食品需要用舌卷住，并将其送到咽部，再吞咽下去。

(3)要有足够的耐心。第一次喂新的食品时，宝宝可能会将食物吐出来，这是因为他还不会吞咽或不熟悉新食物的味道，并不表示他不喜欢，多尝试，一种新的食物做好尝试 15 次以上的准备。

(4)吃奶前添加。肚子饿的时候，宝宝对食物才感兴趣。

(5)食物新鲜且不放任何调味品。最好在宝宝心情舒畅、你自己感觉轻松的时候，给宝宝添加新的食物。

(6)腹泻时停辅食。

科学喂养的几大原则

据调查资料显示，在经济快速发展的今天，由于育儿理念滞后，在宝宝的生长发育过程中，营养问题的检出率达到 15%。

宝宝营养缺乏常表现在 3 个方面：①身高和体重明显低于平均水平；②抵抗疾病的能力下降，易生病；③智力营养状况差，出现智力发育水平低，社交能力差、胆小、不活泼等。

科学喂养就是给宝宝提供合理的饮食，做到营养全面均衡。怎样做到科学喂养呢？

◆**注重母乳喂养和辅食添加**：母乳是新生宝宝不可缺少的营养来源，但从 4~6 个月开始，母乳已渐渐不能满足宝宝的需要，应逐步给宝宝添加辅食。

◆**辅食添加的原则**：选择时机为宝宝健康、食欲好、大便正常；尽量不在炎热季节开始添加；不在一天内添加两种以上未接触过的食物；生病时暂停；最好选择婴儿专用食品。

◆**辅食添加的方法**：从淡到浓，从少到多，从稀到稠；每餐只添加一种；从每天添加一次到添加三次；在喂奶前或喂奶后添加。

◆**不过早添加调味剂**：婴儿的肝肾功能还不够完善，过早在辅食里添加盐、味精等调味料，会加重宝宝的肝肾负担，妈妈一定要注意，宝宝的食物要低盐、低糖、低脂肪。

◆**婴儿食物与大人食物有区别**：宝宝的咀嚼和消化功能是逐步发育完善的，在各个阶段对食物的要求也不同：4~6 个月，泥状食品；7~9 个月，沫状食品；10~12 个月，碎状食品。添加辅食的种类和顺序为：谷类→蔬菜→水果→鱼类→禽类→畜类→蛋类。

给婴幼儿"喝水"的学问

水是生命之源，和阳光、空气一样，是生命不可或缺、最基本、最必需的自然资源。

水是人体的主要成分，儿童和成人体内的水分占体重的 45%~60%，0~3 个月的宝宝比例更高，达到 70%~75%，1000~2000 克的早产儿达到 80%~85%。

宝宝每天需要的水量

通常每个人需要喝多少水会根据活动量、环境，甚至天气而有所改变。不同年龄段的宝宝对水的需求量也不同。通常，可以根据宝宝的年龄和体重来计算每日的需水量，而宝宝每日的补水量则等于需水量减去喂奶量。

(1)新生宝宝需水量：每千克体重需要 150 毫升。

(2)1~12 个月宝宝需水量：每千克体重需要 110 毫升。

(3)12~36 个月宝宝需水量：每千克体重需要 100~110 毫升。

以上所说的量包括了饮食中的水分。如果天气热，宝宝活动量大，出汗较多的话，还可以适量增加。

关于给小婴儿喂水的建议

母乳喂养的宝宝不用直接喂水，因为母乳含有婴儿所需要的全部营养素，其中包括水，母乳中 87% 是水。如果过多、过早喂水，会抑制新生儿的吸吮能力，使他们从母亲乳房吸取的乳汁量减少，致使母乳分泌越来越少。如果偶尔给宝宝喂水，应尽量用小勺或滴管喂，以免婴儿对乳头产生错觉，以致拒绝吸吮母亲乳头，导致母乳喂养困难。

人工喂养、混合喂养及 6 个月以后的婴儿，需要在两餐之间适量补充水分。给宝宝喂水，应以白开水为宜，不建议给汤水、过甜的水。

如何知道小宝宝补水不足

最好能主动给宝宝补水，也就是说在宝宝还没出现缺水信号之前，就要按照他的生理需求给予补水。补水不够时，大宝宝会诉说口渴，而小宝宝需要家长细心观察，如果出现以下信号，提示宝宝需要补水了：①24小时之内，小宝宝排尿少于6次，或者6个小时之内尿布未湿。②嘴唇干燥。③尿色深黄，尿味重。④前囟门未闭的宝宝可见头部囟门下陷。⑤皮肤弹性变差。用拇指与食指捏起宝宝腹部的皮肤，突然放开，可以看到皮肤恢复变平的过程慢。

教育孩子"喝好"水

宝宝学会了喝水，家长还要教育孩子，喝水注意以下几个方面：

(1)喝水不要暴饮，否则可造成急性胃扩张，有碍健康。

(2)饭前半小时内不要给孩子喂水，否则会影响食欲。

(3)睡前不要喝水：因为年龄较小的孩子在夜间深睡后，还不能自己完全控制排尿，若在睡前喝水多了，很容易遗尿。即使不遗尿，一夜起床几次小便，也影响睡眠。

(4)不要喝冰水：大量喝冰水容易引起胃黏膜血管收缩，不但影响消化，甚至可能引起肠痉挛。

关于宝宝学饮杯的选择

宝宝从用奶瓶喝水过渡到用杯子喝水是成长的一个象征，说明宝宝的喝水方式从被动转向了主动。妈妈要根据宝宝年龄的特点选好喂水或饮水用具。

常见的学饮杯有3种：

(1)鸭嘴型：适合6个月以上的宝宝。

(2)吸管型：每一口的吸入量较多，适合9个月以上的宝宝。

(3)饮口型：仿似碗和杯的边缘设计，可培养宝宝独立的自理能力，适合12月龄以上的宝宝。

鸭嘴型　　　　　　吸管型

不能以水果代替蔬菜

门诊见闻：

案例一： 乐乐 10 个月了，总是便秘，妈妈为此非常苦恼，我了解到乐乐的饮食结构中几乎没有蔬菜。为什么不给乐乐吃蔬菜？妈妈回答：每天都吃水果，乐乐喜欢吃水果，就用水果代替了蔬菜。

案例二： 8 个月的伟豪活泼可爱，交往和适应能力很强，见到我们高兴地把小手拍得响响的。营养评价体重稍微超重，谈到喂养，妈妈说至今未给伟豪吃蔬菜，理由很简单，怕消化不良，在他们的观念里，蔬菜难以消化，1 岁以后才可以吃。

年轻的爸爸妈妈们，喂养的误区你意识到了吗？

蔬菜和水果是人们十分熟悉的食物，两者的营养成分均以维生素和矿物质为主，这些成分都是人体所必需的。其实，蔬菜所含的营养成分在许多方面都具有水果所没有的优势，据报道：青菜与苹果相比，前者比后者钙含量高 18 倍，磷含量高 8 倍，铁含量高 11 倍，胡萝卜素含量高 25 倍，维生素 B_2 含量高 8 倍，维生素 C 含量高 20 倍。

蔬菜中还含有一些水果里所没有的调味物质，能刺激食欲，促进消化。另外，各种蔬菜都含有食物纤维，可以促进肠道蠕动，防治便秘。

别错过尝试吃蔬菜的关键期： 6 个月左右的宝宝即可以开始添加辅食，可以制作多种蔬菜泥给宝宝尝试，以减少其以后挑食、偏食的不良习惯。建议先尝试蔬菜再尝试水果，以避免宝宝吃惯甜的水果而不愿意尝试蔬菜。

宝宝吃饭为何不老实

很多家长对宝宝吃饭时的不老实既困惑又无奈。

门诊见闻：随着东东一天天长大，全家人都很高兴，可是1岁4个月的东东吃饭成了妈妈最苦恼的事，吃饭速度越来越慢，吃饭时喜欢边吃边玩，把餐具勺子、碗、筷子、盘子当作玩具来玩，这样下来，吃一顿饭需要花去1个小时的时间。东东的妈妈说，天气冷了，再这样下去，顿顿得吃冷饭。

边吃边玩缘于宝宝的发育行为。1岁多的宝宝，好奇心强，喜欢通过用眼睛看到的和手触摸到的东西去探索。吃饭时用的餐具同样会激发宝宝的探索欲，但他还不会按成人的方式去探索，只会通过自身的感受了解周围的事物与环境。

那么，父母该怎么做，才能避免宝宝吃饭不老实呢？以下提出几点建议——

◆**吃饭时间和地点相对固定：**培养宝宝坐在餐椅上与家人一起吃饭的习惯，保证按时开饭，吃饭地点最好在饭厅里，保持安静，不要开电视，大人不要来回走动，不要在饭厅放玩具，每次吃饭时间最好在20~30分钟。这样可以帮助宝宝逐渐建立吃饭定时、定点的观念，形成良好的习惯。

◆**给宝宝自己吃饭的机会：**1岁左右的宝宝，有自己动手的强烈愿望，但由于宝宝的精细动作还不协调，常常吃饭时饭菜撒得到处都是，这时妈妈千万不要剥夺宝宝学习自己吃饭的权利，而应该适当地帮助宝宝、鼓励宝宝。

◆**轻松对待，避免过分关注：**宝宝如果边吃边玩，妈妈在旁边适当引导即可，不要过分关注和责备，否则容易给宝宝带来不愉快的心理体会。如果半个小时宝宝没吃进多少饭，妈妈可以喂给宝宝一些饭。对于宝宝的这些行为，家长要轻松对待，因为宝宝的探索行为是阶段性的，过一段时间自然对餐具就没兴趣了。

◆**提供探索环境，满足宝宝的好奇心：**在宝宝对餐具感兴趣的阶段给宝宝提供餐具玩具，在玩耍中给宝宝介绍不同餐具的特点，让宝宝尝试以不同方式去体验，满足宝宝的好奇心和探索欲，帮助宝宝专心使用餐具吃饭。

喂孩子吃饭像"打仗"，父母身上找原因

门诊见闻：那天，遇到一个妈妈非常生气地坐到我的面前。她说：高主任，这孩子太不听话了，每到吃饭时，家长跟着满屋跑，全家动员。有人端着饭碗，有人拿着玩具逗引，等孩子一张嘴，赶紧把饭勺送进去吃一口，一顿饭下来，搞得大人满头大汗，像打一场"吃饭仗"，喂孩子吃饭伤透了脑筋……

这位妈妈的孩子是个早产儿，胎龄33周，出生时体重1995克，现1岁8个月，体重11.6千克，身长85厘米，头围48.4厘米，体格发育评估正常，发育商（DQ）114分，看起来非常灵活，也不怕生，到了诊室也非常自然。我给他检查他很配合，一个早产儿成长到今天的状况，应该说是令家长比较满意的，但为什么一个吃饭问题竟然让这个妈妈如此头痛呢？

孩子的妈妈坐定后，我问了她两个问题。第一，孩子用手抓饭时你是如何处理的？第二，孩子要用勺子吃饭时，你又是如何对待的？这位妈妈理直气壮地说：我绝对不让他用手抓饭，也不允许他用勺子吃饭，因为怕搞得到处都是，全是家长喂饭吃。我告诉她，造成孩子今天吃饭的状况，跟妈妈有直接关系。妈妈瞪大了眼睛告诉我，全家人把孩子当成掌上明珠，一直呵护他的成长。

借此我要提醒新爸爸妈妈们：喂饭影响宝宝的身心发育，错误的养育方式会扼杀宝宝吃饭的渴望。

喂饭影响宝宝的身心发育

殊不知，小儿开始自己吃饭的早晚，很大程度上取决于父母的态度，孩子不能自主进食归根到底还是大人的问题。让孩子自主进食，不仅仅是个营养问题，还关系到孩子的身心健康和智力发育。

喂饭的过程中，家长的各种行为和形形色色的表现，给宝宝带来不

081

同程度的心理压力和伤害，比如为了赶时间，一边喂饭一边催促宝宝快吃，久而久之会使孩子感到吃饭是一种负担，觉得吃饭毫无乐趣，产生抵制态度，也可能造成日后厌食、挑食的习惯。

错误的养育方式会扼杀宝宝吃饭的渴望

宝宝 5~6 个月可以扶着奶瓶吸吮，7~9 个月应学用杯喝水，10~12 个月应学用勺吃饭，2 岁左右应该独立吃饭。一般来说，宝宝 1 岁以后，饮食量不断增加，对各类食物的适应能力渐渐增强，咀嚼功能逐步完善，对食物的色香味有了自己的辨别力，这时宝宝就开始有自主吃饭的渴望。但很多家长担心宝宝吃饭撒落满地、弄脏衣服或吃不饱而采取喂饭的方式，有些家长是过分溺爱，不让宝宝动手，这些错误的理念和养育方式，扼杀了宝宝学习探索的机会，势必给宝宝带来不同程度的伤害。

预防高血压，从婴儿做起

提起高血压，人们往往认为是成人疾病，与婴儿没有多大关联，殊不知一些高血压的危险因素是在婴儿期埋下的。

原发性高血压，曾经被认为是成年人的特有疾病，但实际上儿童高血压并不少见。由于社会、环境、观念的改变和当今膳食结构失调等诸多因素，近年来儿童高血压有明显增加趋势。北京儿童医院对 5000 名 6~18 岁儿童和青少年进行血压普查时发现，血压偏高者占 9.36%。从高血压人群的年龄构成看，30 岁以下的青少年高血压患者占 15%。有 1/3~1/2 的儿童和青少年高血压病人无任何症状，只有定期测血压才可以发现。

儿童高血压多为原发性，发病机理复杂，血压升高常见的危险因素有：①遗传因素；②神经内分泌因素；③高盐饮食；④肥胖症；⑤吸烟、酗酒、沉迷于电脑游戏；⑥睡眠减少和学习压力过大等。

需要强调的是：在人的早期阶段对血压的关注程度越高、干预越到位，对人一生的心血管健康越有益。

发表在《美国临床营养学杂志》上的研究论文表明，人们在生命的早期就应该努力减少食盐的摄入。饼干、谷物类食品和面包等固体食物通常含有较多的食盐，用这些食物喂养幼小的婴儿会使他们一生中偏爱咸味食品。论文作者称，情况可能是这样的：在婴幼儿期存在一扇"敏感窗"，在敏感窗的作用下，接触到的某种食物和味道就会像编码程序那样被编入大脑，人在日后便会渴望得到这些食物和味道。这说明，早期的咸味饮食，与日后的咸味嗜好之间具有关联性。

婴儿喂养的实践表明，如果让婴儿吃某种食物至少 10 次，他们就学会喜欢这种食物。但这并不意味着婴儿想吃这种食物，他们只是学会了容忍这种食物。

婴儿喂养原则：

(1) 0~6 个月婴儿母乳喂养，在 4~6 个月时可以逐渐引入其他食物，但不减少奶量。强化铁的谷类食物为引入的第一种食物，其次为水果泥、根茎类或瓜果类的蔬菜泥，不添加任何调味品。

(2) 7~12 个月时奶量应维持在 800 毫升左右，摄入其他食物以不影响乳类的摄入为原则，可以食用碎末状食物，12 个月以后可尝试与家庭成员相同类型的食物。1 岁以内的宝宝每天食盐以不超过 1 克为宜，因为天然食品中存在的盐已能满足宝宝的需要，所以不需要额外加盐；1~6 岁的幼童每天食盐不超过 2 克。

总之，辅食添加品种应多样化、清淡，婴儿期的辅食添加恰当不仅可满足宝宝的营养需要，还能培养他们对各类食物的喜爱和自我进食能力。

婴幼儿过敏表现多样化，预防需从出生开始

世界卫生组织数据显示，过敏性疾病已成为影响人类健康的第六大疾病。据统计，每年 2000 万的新生儿中有五分之一是过敏高风险婴儿，并且这一数据还呈现出急剧增长的趋势。据调查显示，婴儿期的过敏对宝宝长远的健康有着潜在的影响。所以，婴幼儿过敏已成为 21 世纪最受关注的公共健康问题之一。

婴幼儿过敏表现多样化

过敏主要累及皮肤、消化系统和呼吸系统。

大家最熟悉的是皮肤出疹，也就是特应性皮炎（又称湿疹）。而当宝宝出现下面这些症状时，你想到是过敏了吗？

| 1.反复吐奶 | 2.腹泻 | 3.便秘 | 4.哭闹 睡眠不安 | 5.体重 增加不理想 |

以上这些症状因为一些正常的宝宝也会出现，所以家长一般不会想到是过敏。在临床工作中，遇到过很多这样的小宝宝，往往被当成消化功能紊乱治疗，效果不理想，经检查被确诊为牛奶蛋白过敏，调整喂养后症状得到改善。

食物过敏是婴幼儿最常见的过敏

婴幼儿由于肠胃道黏膜的保护功能还没完全成熟，外来蛋白质极易通过，同时由于免疫功能不完善，容易发生食物过敏现象。常见的食物过敏原有坚果类（如花生）、牛奶、鸡蛋、大豆和小麦等。对婴儿来讲，牛奶和鸡蛋是最主要的食物过敏原，年龄越小，过敏的食物越多。曾发生过食物过敏的婴儿，其后 30%~80% 将会发生其他过敏性疾病，如过敏性鼻炎、哮喘或特应性皮炎等。

085

不能忽视遗传和剖宫产造成婴儿过敏的风险

(1)过敏有较强的遗传性：如果父母都没有过敏史，宝宝发生过敏的风险为 15%；如果父母一方有过敏史，宝宝发生过敏的风险会增加到 20%~40%；如果父母双方均有过敏史，宝宝发生过敏的风险高达 60%~80%。

(2)剖宫产是无菌分娩过程，不利于宝宝免疫系统的激活和成熟。大量临床研究表明，无家族过敏史的剖宫产儿，其过敏风险会增加 23%；有家族过敏史的剖宫产儿，其过敏风险会增加 3 倍。

预防过敏，从预防食物过敏做起

一旦宝宝发生食物过敏，一般只能采取回避过敏原及对症治疗的方法，通常较难治愈，并且会影响宝宝的一生。因此，过敏预防十分重要，宝宝一出生就不要给他过敏的机会。

(1)自然分娩让益生菌尽早在宝宝肠道安家落户，对预防过敏能起到重要作用。

(2)第一口奶尽量是母乳，并要坚持纯母乳喂养到 6 个月。宝宝出生后最好半小时以内就吸吮妈妈的奶头，宝宝在吸吮乳汁的同时会把细菌吃进去，有利于早早营造肠道的健康环境。在婴儿肠道不成熟期，母乳喂养可减少宝宝接触异体蛋白质的机会，母乳中的蛋白质对于宝宝来说是同种蛋白质，一般不会引起过敏反应。另外，母乳中的特异性抗体可诱导肠黏膜耐受，从而减少过敏反应的发生。

(3)如无母乳或母乳不足，可选用适度水解蛋白配方奶。特别是同时有家族过敏史的婴儿，建议从出生开始至少坚持食用适度水解蛋白配方奶 6 个月以上，以降低婴儿乳蛋白过敏的风险。

(4)宝宝出生后 6 个月添加辅食时的注意点：①首先添加易于消化而又不易引起过敏的食物，婴儿米粉可作为试食的首选食物，之后逐渐添加蔬菜、水果，然后再试食肉、鱼、蛋类等。②每次引入的新食物，应为单一食物，并从少量开始，以便观察婴儿胃肠道的耐受性和接受能力，及时发现与新引入食物有关的症状，这样可以发现婴儿有无食物过敏，减少一次进食多种食物可能带来的不良后果。③对于有过敏高风险的宝宝，鸡蛋白、花生、鱼虾等容易过敏的食物，最好在他 1 岁后再添加。

第五节
营养素的补充

 给宝宝补充维生素并非越多越好

维生素是人体代谢过程中必不可少的有机化合物，是维持和调节机体正常代谢的重要物质，大致可分为脂溶性维生素（维生素 A、维生素 D、维生素 E、维生素 K）和水溶性维生素（维生素 B 族和维生素 C）。

在人们以往的观念中，维生素没有副作用，吃得越多越好。所以，很多家长把它当成补品，盲目给宝宝补充。为了更合理地应用维生素，我们对常用于儿童的维生素从利与弊的角度重新认识一下。

维生素A

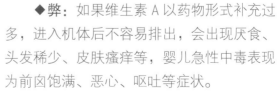

◆利：与视觉有关，主要功能是维持正常的视力，对保护眼睛很重要；可维持上皮细胞组织健康，促进生长发育，增加对病菌的抵御能力。

◆弊：如果维生素 A 以药物形式补充过多，进入机体后不容易排出，会出现厌食、头发稀少、皮肤瘙痒等，婴儿急性中毒表现为前囟饱满、恶心、呕吐等症状。

087

◆主要食物来源：动物的肝脏、鱼肝油、奶类、蛋类、胡萝卜、绿叶蔬菜等。

维生素D

◆**利**：可调节钙磷代谢，有助于孩子骨骼和牙齿的发育。

◆**弊**：摄取过多会引起烦躁不安、皮肤干燥、厌食、呕吐、腹泻等表现。

◆**主要食物来源**：鱼肝油、奶类、蛋黄等。

维生素C

◆**利**：维持人体细胞组织的正常机能，对骨骼、牙齿、血管、肌肉的正常功能极为重要，可促进铁的吸收和伤口愈合，并具有防癌和抗癌作用。

◆**弊**：滥用维生素C会削弱人体免疫力，造成人体肠功能失调、泌尿系统结石等。

◆**主要食物来源**：水果（尤其是柠檬、橙子）、绿色蔬菜、番茄、辣椒等。

维生素E

◆**利**：具有抗氧化作用，可增强免疫力。

◆**弊**：长期大剂量使用，可导致免疫功能下降、腹泻、恶心、头晕等症状。

◆**主要食物来源**：各种植物油、谷物的胚芽、许多绿色植物、肉、蛋等。

综上所述，对处于生长发育期的宝宝来说，家长们要关注科学喂养，确保均衡饮食，如果能做到这些，一般情况下，除维生素D需经日光照射合成获得外，其他维生素从食物中获得即可满足宝宝机体的需要，不需要额外补充。

盲目补钙危害大

如果宝宝出汗多、枕秃、不长牙、睡眠不安、腿痛，家长们可能都会想，自己的宝宝是不是缺钙了？的确，家长们对宝宝缺钙和补钙很关注，也很积极，有一些家长误认为补钙会加快骨愈合。由于知识的缺乏，很多婴幼儿家长在补钙过程中存在较多的疑问和误区。

钙是人体含量最多的矿物质，其中 99% 存在于骨骼和牙齿中，其余 1% 分布在全身各个细胞以及细胞以外和血液中，维持心脏的活动以及神经、肌肉的兴奋性，参与凝血过程。

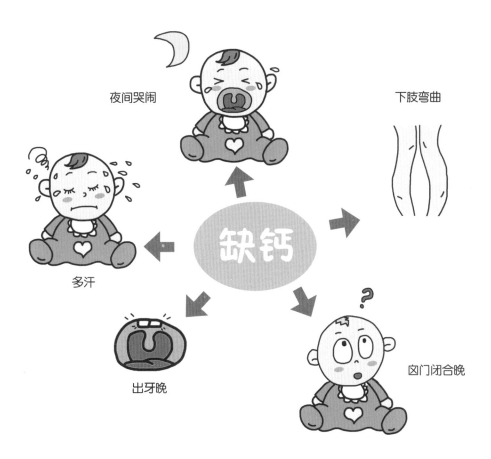

夜间哭闹

下肢弯曲

多汗

缺钙

出牙晚

囟门闭合晚

◆**宝宝缺钙的常见表现**。①骨骼方面：出牙晚，1岁后还不出牙；前囟门闭合晚，1岁半以后仍不闭合；前额突出，形成方颅；常有肋骨串珠；走路晚，骨质软化，下肢弯曲，可出现"X"形腿或"O"形腿。②肌肉神经方面：肌肉肌腱松弛，如腹壁肌肉、肠壁肌肉松弛可引起肠腔积气，脊柱的肌腱松弛可出现驼背；多汗，与温度无关，尤其入睡后头部出汗；精神烦躁，对周围环境不感兴趣；夜间易惊醒，哭闹不安等。③检测血钙的意义不大，最好测定骨密度，因为血液中的钙不到人体总量的1%，且一旦血钙降低，机体会动员骨钙来维持血钙稳定。

◆**宝宝每天需要摄入的钙量**：据研究，我国正常乳母的乳汁每100毫升含钙30毫克，0~6个月的宝宝每天从母乳中大约可获得225毫克钙。牛乳中钙的吸收不如母乳，因此人工喂养的婴儿每天大约需要400毫克钙。中国营养学会推荐婴幼儿每天钙的摄入量：0~6个月为300毫克，7~12个月为400毫克，1~3岁为600毫克。

◆**膳食补钙最科学，补钙过量危害大**。含钙较高且吸收较好的食物主要是：①奶和奶制品；②大豆和豆制品；③虾皮、海带、紫菜等海产品；④蛋黄；⑤黑木耳。

一般情况下，如果宝宝饮食均衡，不需要额外补钙。对于不明显缺钙的孩子，可以通过豆制品、奶制品和鱼肉等食物来补充，另外，晒太阳和户外运动是最好的天然补钙方式。如果怀疑孩子缺钙，建议进行相关医学检查，确定缺钙后在医生指导下补钙。

补钙过量对儿童生长发育会造成极大危害：①妨碍其他元素比如铁、锌、铜、镁在肠道的吸收。②容易引起高钙尿症，患肾结石的危险性增大。③常见症状：身体浮肿多汗、厌食、恶心、便秘、消化不良，还可能限制大脑发育，并影响生长。④血钙浓度过高，如沉积在眼角膜周边将影响视力，沉积在心脏瓣膜上将影响心脏功能，沉积在血管壁上将导致血管硬化。

宝宝真的缺锌吗

门诊见闻：在儿童保健日常门诊，"缺锌"是家长们比较关注的一个问题。

家长们常常因为宝宝有这些症状——头发稀疏发黄、吃得少、长得小、手上起倒刺等，怀疑缺锌来就诊，个别家庭只要宝宝有上述类似表现，就擅自买补锌的药给宝宝用。实际上，有这些症状的宝宝经检查，大多数都不能诊断为缺锌。

单一的症状不能作为判断标准，孩子是不是缺锌需要综合来考虑，必要时需进行检查。

锌在人体的分布与作用：

(1)锌在大脑中含量最多，在分管记忆的大脑颞叶浓度最高。

(2)锌是维持正常食欲必不可少的元素。

(3)锌可以维持人体正常抵抗力。

宝宝缺锌的常见表现：

(1)消化功能减退，主要表现为食欲不振。缺锌会影响舌黏膜的功能，从而使味觉敏感度下降，宝贝容易厌食，有的还会出现异食癖，比如喜欢吃泥土、煤渣等。

(2)反复出现口腔溃疡，或者舌苔上出现一片片舌黏膜剥脱的痕迹，类似地图状，被称为地图舌。

(3)生长发育变慢。缺锌会影响细胞代谢，妨碍生长激素轴的功能。

(4)免疫功能降低。缺锌会损害细胞的免疫功能，比如经常发生上呼吸道感染或支气管肺炎等。

(5)智能发育落后。缺锌的宝宝伴有注意力涣散、记忆力减退、多动等。

(6)血清锌＜11.47微摩尔/升，头发中的锌含量（发锌）不能准确反映人体锌的营养状况。

中国营养学会建议，我国孩子每天锌的推荐摄入量为：6个月以下，

091

纯母乳喂养儿 1.45 毫克，人工喂养儿应相应增加；6~12 个月 8 毫克；1~4 岁 9 毫克。

调整膳食结构是预防缺锌的关键。由于人体内无法大量储藏锌，故需经常从食物中摄取锌。日常膳食是锌的主要来源，含锌丰富的食物有海产品、动物肝脏等。

补锌一定要在医生指导下进行。虽然锌对人体健康有很大帮助，但并非补得越多越好，补锌过量会造成：①妨碍其他营养素的吸收，比如铁、铜，从而加重贫血。②抑制白细胞的吞噬能力和杀菌能力，导致感染。③刺激胃黏膜，引起恶心、呕吐、腹痛、腹泻等消化道症状。

留言板

给宝宝补铁，这样补最高效

根据世界卫生组织的定义，当血液中血红蛋白含量低于特定年龄、性别、生理状况和居住海拔的人群正常血红蛋白水平时，即为营养性贫血。缺铁是导致贫血最常见的原因，缺铁性贫血是婴幼儿最常见的营养不良性疾病。

门诊见闻： 在一次育儿讲座结束后，有一个 9 个月宝宝的妈妈，拿来一堆化验单给我看。多次化验结果显示血红蛋白在 87~95 克之间，红细胞呈小细胞性，血中铁也低，诊断缺铁性贫血可以成立。这位妈妈的疑问是，宝宝是足月出生，出生体重 3300 克，全家人围着转，不缺吃、不缺穿，一直母乳喂养，为什么还会出现营养不良性贫血？真是想不通，所以曾到几家医院检查，咨询过多位医生。

分析喂养史，6 个月以后虽然有添加辅食，但基本是以婴儿米粉、粥水和汤为主，所以缺铁性贫血发生的原因与喂养有关。妈妈接受了我们的意见，进行药物治疗，同时调整饮食，1~2 个月后血红蛋白恢复正常，现这位宝宝已经 2 岁，生长发育得很好，不挑食也不偏食，妈妈很开心。

虽然现在生活条件好，但在临床中，由于婴儿期辅食添加不当或饮食搭配不合理等造成的缺铁性贫血还真不少，所以提醒家长重视预防。

儿童缺铁性贫血的原因

(1)先天储铁不足：缺铁性贫血和铁缺乏可在宫内发育的时候就开始出现，尤其在妊娠最后 3 个月母胎间铁转运量最大，妈妈体内的铁会通过胎盘储存在宝宝体内。

(2)铁摄入量不足：4~6 个月以后宝宝体内储存的铁已经消耗得差不多了，如不及时添加富含铁的食物易导致婴儿贫血。

(3)铁吸收障碍：饮食搭配不合理或胃肠疾病比如慢性腹泻，均可导致

093

铁的吸收不良。

(4)生长发育需求旺盛：婴儿和青春期儿童生长发育旺盛，对铁的需求量大。

(5)铁丢失过多：反复腹泻、体内慢性出血均可导致铁的丢失。

预防婴幼儿缺铁性贫血的饮食指导：

(1)提倡母乳喂养。

(2)4~6个月的婴儿应及时添加富含铁的食物，开始添加半固体食物时应首选强化铁米粉。

(3)7个月以后逐渐引入富含铁的动物性食物。婴幼儿饮食中应每周吃动物肝脏或动物血制品（血豆腐）1~2次，每天都要吃肉类。另外，蛋黄和某些植物类食物（黑木耳、芝麻、红豆、菠菜和绿叶蔬菜）含铁也较丰富。

(4)合适的膳食结构能促进饮食中铁的吸收。富含蛋白质的食物和富含维生素C的食物能够促进铁的吸收，所以在食物中要注意荤素搭配。含鞣酸的食物如咖啡、茶等会影响铁的吸收，应加以避免。

含铁丰富的食物：

动物肝脏	血豆腐动物肾脏	红肉	白肉	黑木耳、芝麻、红豆、黑米	菠菜等绿叶蔬菜

新妈妈们关注最多的问题，往往是宝宝的营养和喂养。谁都希望自己的宝宝吃得好、长得好，所以她们会千方百计为吃而忙碌，然而她们却忽视了"睡得好"的重要性。

给孩子选枕头，我们给出 4 点建议

宝宝的诞生，爸爸妈妈除了要准备新衣服之外，总是不忘给宝宝准备一个小枕头。的确，枕头很重要，因为宝宝的睡眠时间比大人长得多，可以说小宝宝是在睡眠中长大、成熟的。然而，超市里各种各样的枕头都有，销售员各自诉说着自家产品的好处。妈妈们不知所措，为宝宝选择枕头也费尽脑筋。

使用枕头的理由

通俗地讲，枕头的作用就是让人们睡眠舒服。人体的脊柱，从正面看起来是一条直线。实际上，正常脊柱各段因人体生理需要，均有一定的弯曲弧度（即生理弯曲）。其中，颈椎的生理弯曲形成一个向前凸的弧度，使用枕头与颈部的生理弯曲有关。

睡觉时维持颈椎的正常生理状态，才能使颈项部皮肤、肌肉、韧带、椎间关节及穿过颈部的气管、食道和神经等组织与整个人体一起放松、休息。如果睡高枕，无论是仰卧还是侧卧，都会使颈椎生理状态改变，使颈部某些局部肌肉过度紧张。如果正常人不睡枕头或长期睡低枕，同样也会改变颈椎的生理状态。儿童尤其是 1 岁以内的婴儿，正处于头部发育的重要阶段，有个适宜的枕头非常有利于宝宝头部血液循环，促进生长发育。如果选择不当，不仅影响头颈部生理功能，还可能造成某些发育畸形。

3个月的婴儿可以开始使用枕头

刚出生的婴儿平躺睡觉时，背和后脑勺在同一平面上，颈、背部肌肉自然松弛。婴儿头大，几乎与肩同宽，侧卧时头与身体也在同一平面。因此，原则上3个月以内的婴儿没有必要使用枕头。婴儿一般3个月后开始学抬头，脊柱颈段出现向前的生理弯曲，为了维持生理弯曲、保持体位舒适，婴儿出生后3个月可以开始使用枕头。但要注意，每个宝宝不一样，3个月前宝宝身体就有差别，部分宝宝1个月之后，肩部宽度明显超过头部，侧睡时头部开始偏低；另外，儿童床铺软垫过多，而宝宝头部压力较大，也容易出现头部过低，所以家长一定要仔细观察，侧睡时只要宝宝出现头部偏低，就可以给宝宝垫一些折叠毛巾或宝宝专用枕头，同时要根据宝宝发育情况逐渐调整枕头高度、长度，以与婴儿的肩宽适合最为适宜。

怎样选择婴幼儿的枕头

婴幼儿用枕头要根据其发育特点而定，每一段时期应采用不同的枕头，不可用成人枕头给儿童凑合用。给父母们几点建议——

(1)婴儿枕头高度以3~4厘米为宜，并根据婴儿发育状况，逐渐调整枕头的高度；枕头的长度与婴儿的肩部同宽最为适宜。

(2)枕套宜选择纯棉布。

(3)枕芯质地应柔软、轻便、透气、吸湿性好，比如荞麦皮、绿豆皮、晚蚕沙等。应避免长期使用质地过硬的枕头，以免造成头颅变形，或一侧脸大、一侧脸小，影响外形美观。

枕芯：
荞麦皮等

材质：纯棉

高度：
3~4厘米

(4)宝宝的新陈代谢旺盛，容易出汗、滋生细菌，所以枕套要常洗常换，保持清洁，枕芯要经常在太阳底下暴晒，最好每1~2年更换一次。

097

培养优质睡眠，家长可以这样做

门诊见闻：在每周的专科门诊中，越来越多的家长带宝宝来咨询睡眠问题。宝宝睡眠不规律、昼夜颠倒、入睡困难、夜间频繁醒来等问题，让家人心力交瘁。睡眠问题同时也带来诸如体重不增、身高不理想等情况，更是让家长焦虑和担心。

经过采集病史和相关检查后发现，很大一部分宝宝的睡眠问题，来自家长的过多干扰或不科学的养育行为。

宝宝睡觉为何表情/动作多

睡眠是一种主动状态，睡眠时大脑代谢几乎没有减低，入睡者虽然看起来安静，实际不然，在一夜入睡期间要经历多达20次左右的扭转样运动，25%的时间在做梦。

婴儿时期浅睡时间较多。浅睡在成人是做梦的时候，宝宝则表现为面部有很多表情，如微笑、皱眉、噘嘴或做怪相，有时四肢伸展一下，发出哼哼声，呼吸快慢不匀等。

有些家长出于爱护，在宝宝睡觉时，全家人盯着看，稍有动静就怕宝宝饿了或尿湿了或误认宝宝睡眠不安或有什么不适，给宝宝过多的护理或关照，这无形中打扰了宝宝的正常睡眠。据研究，浅睡眠对宝宝大脑发育起着重要作用，做梦可以提高视觉、听觉等内源性刺激，补充外源性刺激的不足，所以家长不要打扰。

优质睡眠"三要三不要"

由中国疾控中心妇幼保健中心，联合权威儿科睡眠专家共同研究推出的《中国婴幼儿睡眠健康指南》指出，宝宝拥有优质睡眠的标准包括"三要三不要"。

"三要"指的是：

(1)要在宝宝犯困时放到床上，培养其独自入睡能力；

(2)要让宝宝与父母同屋不同床，这样有助于夜晚连续睡眠；

(3)要用穿纸尿裤等方式提高宝宝夜晚睡眠效率。

"三不要"指的是：

(1)不要依赖拍、抱或摇晃等安抚方式让宝宝入睡；

(2)不要让宝宝养成只有在喂奶后才能入睡的习惯；

(3)不要过度干扰宝宝的夜晚睡眠。

培养宝宝独立睡眠的能力

对于宝宝来说，独立睡眠可以帮助宝宝养成独立的生活习惯，让宝宝认识自我并形成积极的自我形象。需要给家长的建议是：

(1)宝宝的养育者包括父母、爷爷、奶奶等，要统一认识，让宝宝睡觉时与家人同屋不同床，婴儿床最好远离窗户、电器及灯座等。

(2)当宝宝犯困时，不要抱在怀里入睡，应该放在小床上，帮助宝宝自己入睡。父母应该学会观察宝宝要睡觉的信号，如打哈欠、揉眼睛、眼神暗淡、小月龄的宝宝有时哭闹等。

(3)避免"摇睡"的习惯。由于小婴儿大脑发育不完善，脑组织与颅骨腔有一定间隙，因此摇晃不但会造成一定的风险，也会逐渐形成习惯，带来麻烦。

(4)避免让宝宝养成喂着奶入睡的习惯。最好在宝宝睡前半小时喂奶，否则容易造成心理依赖。

(5)不要过多干预宝宝的睡眠。婴儿和成人一样，每晚有多个睡眠周期。每个睡眠周期都有浅睡眠和深睡眠。在浅睡眠时，大脑是有神经活动的，相当于成人的做梦，宝宝会出现肢体轻微的活动，比如吸吮、皱眉、微笑、抽动鼻子，甚至做鬼脸、发出哭声等表现，此时有的妈妈会认为宝宝有需求了，于是非常积极地把灯打开、给宝宝喂奶、换尿片，甚至抱起来晃一晃，反而把宝宝彻底搞醒了，从而影响再次入睡。

(6)让宝宝学会分辨和适应昼夜规律。小婴儿神经系统尚处于发育阶段，调节能力差，分不清白天晚上，很容易形成黑白颠倒的睡眠习惯，给家人造成极大的困扰。建议：夜晚宝宝睡觉时不要开着灯，白天睡觉时可保持正常的光线，一般 3~4 个月以后的宝宝，夜间连续睡眠时间会逐渐延长，逐渐断夜奶，6 个月的宝宝可以停掉夜间喂奶。

宝宝睡得好，才能长得好

门诊见闻： 有一位妈妈，非常苦恼地来找我，她的宝宝5个多月大，跟同龄的宝宝比起来小多了，体重增长不理想。她说宝宝吃奶也不少，就是每个小时都要吃。

我跟她一起分析了宝宝的情况，发现宝宝每天的吃奶量足够，主要是吃得太频繁造成睡眠不足，为此妈妈调整了喂养方法，并逐渐形成规律，减少了给宝宝夜间喂奶的次数。1个月后，宝宝精神状况明显好转，体重开始加快增长。

营养是生长发育的基础，殊不知，睡眠不好会影响食物的消化吸收。也就是说，即使摄入的食物能够满足人体的需要，如果睡眠方式不科学、不合理，也会导致营养缺乏，影响正常的生长发育。

充足的睡眠，能给孩子带来以下好处：

(1)孩子长得快：生长激素在睡眠状态下的分泌量是清醒状态下的3倍左右，生长激素分泌的高峰期在晚上10点至凌晨2点之间，所以应让宝宝从小养成好习惯，在晚上9~10点之间上床睡觉。

(2)提高免疫力：睡眠缺乏会影响机体多种激素的正常分泌，使身体内分泌及代谢出现问题，导致疾病的发生。

(3)促进脑发育：研究发现，婴儿在熟睡后，脑血流量明显增加。睡眠充足的宝宝，注意力集中且记忆力好。

什么样的睡眠属正常？年龄越小睡眠时间越长，睡眠有浅睡眠和深睡眠之分。

新生儿每天平均睡眠时间16小时（14~20小时），每个睡眠周期约45分钟，在一个睡眠周期中浅睡眠和深睡眠各占一半。

1~3个月的婴儿平均每天睡眠时间15小时。

6个月的婴儿平均每天睡眠时间14小时，大多数的婴儿夜间能睡长觉，持续睡6小时。

1岁时的宝宝每天平均睡眠13~14小时，夜间能一睡到天亮。

2~3 岁的宝宝能睡 12~14 小时，4~6 岁的宝宝能睡 11~12 小时，7 岁以上的宝宝能睡 9~10 小时。

至于哪种睡姿最好，医学界目前没有给出唯一的标准答案，宝宝不论是仰着睡还是趴着睡，从健康角度来看，都不会影响宝宝健康。宝宝的睡姿可自行选择，不必固守于某一种。

仰着睡：不适合经常吐奶的宝宝，易造成窒息。

侧着睡：虽然这个睡姿的宝宝可以充分放松，但经常朝一个方向睡，容易把头睡偏，这种姿势还易压着手臂。但对于经常吐奶的宝宝来说，这个睡姿不易呛着宝宝，因为溢出的奶液会顺着嘴角自然流出。

趴着睡：很多研究表明，趴着睡可以增加肺活量，促进氧合，减轻呼吸困难，所以在新生儿监护室里，早产宝宝和肺部有病的宝宝经常采取这种姿势睡觉。

 宝宝睡眠不安分？给家长 8 条建议

宝宝的睡眠规律是逐渐形成的。新生宝宝的睡眠周期频繁短暂又不规律，没有白天和晚上的概念。随着宝宝的长大，白天睡眠会逐渐减少，夜间睡眠会逐渐延长。

1 个半月后，较为规则的睡眠模式开始出现。

2 个月以后的宝宝大部分睡眠时间会在晚上，白天睡 6 小时左右，夜间睡 10 小时左右。

6~12 月的宝宝睡眠时间比较稳定，白天睡 3~4 小时，夜间睡 10 小时左右。

1~3 岁的宝宝，白天睡 2 小时左右，夜间睡 11~14 小时。

科学研究发现，睡眠可以促进脑蛋白质的合成及婴儿智力的发育。宝宝如果睡得很好，醒来时精神也会好，白天就能接受更多的信息。如果他睡得不好，醒来时状态不好，就不易接受周围的事物。

不同宝宝之间的睡眠时间是有一定差别的。也就是说，一个宝宝一天睡几个小时和另一个宝宝可以是不完全相同的，所以家长们不要横向比较。宝宝睡眠够不够不完全看睡眠时间的长短，还要看他的体格、智力发展有没有问题。最好定期到儿童保健门诊去检测一下，以进行科学的评价。尤其对小婴儿来说，如果睡眠不足，很快就会反映在发育上。

夜间是宝宝生长发育的重要时期，一定要保证宝宝的夜间持续睡眠时间，避免人为地过多打扰他，要让他自小养成睡眠的好习惯。

下面给家长们提出 8 条建议：

(1)让宝宝从小养成独睡的习惯：小婴儿可以分床不分房，小床放在大人床旁边，既方便家长照顾宝宝，又可以让宝宝有安全感。

(2)营造一个良好的睡眠环境：尽量保证卧室安静，拉上窗帘，把屋内的灯光调暗，关掉电视机，把可以分心的东西拿开。

(3)睡前给宝宝洗个热水澡，以促进血液循环。

(4)睡前不要让宝宝玩会让他兴奋的玩具、不要摇晃宝宝，更不要讲紧张、吓人的故事，入睡前半小时，设法让他安静下来。

(5)检查被窝里的温度是否合适，避免太冷、太热。

(6)和宝宝一起到床前，抱他上床，拍拍、哼哼，不抱他起来，多陪他一会儿，等他睡踏实了再离开。1 岁以内的宝宝就要训练他睡觉时愿意自己躺下睡，不要养成抱睡的习惯。

(7)宝宝夜间醒 1~2 次是正常的，可以拍拍他、哄哄他，但不要抱他起来，否则宝宝容易完全醒来。

(8)宝宝白天的睡觉时间不宜太长，否则会影响晚上睡眠。

孩子夜间磨牙，是肚子里有虫吗

门诊见闻： 在我们小的时候，经常听老人讲，夜间磨牙就是肚子里长了虫，那个年代吃"宝塔糖"（含驱虫药）打虫的事给人印象很深，几乎每个小孩都经历过，而且准有效，尤其在农村生长的孩子，因生活环境、卫生条件、卫生保健意识的问题，肠道寄生虫引起的疾病是常见病。

随着时代的进步，卫生宣传教育的落实，生活习惯的改善，孩子们无论吃"宝塔糖"还是"肠虫清"，一般都不会打出虫来了。

如今仍有很多家长来到诊室咨询或要求医生给孩子开驱虫药，原因较多的是孩子夜间磨牙。也难怪，大部分家长认为夜间磨牙主要的原因是肚子里长虫了。

殊不知，几十年过去了，随着卫生条件的改善，孩子患蛔虫病的概率已明显降低，肠道寄生虫引起的疾病已经不是常见病了，磨牙更多是一些不良生活习惯引起的。

生活习惯引起磨牙的原因

(1)睡觉前过于兴奋：宝宝在睡觉前玩得太疯或观看一些打斗、恐怖的电视剧，神经处于紧张兴奋状态，易引起肌肉收缩而导致夜间磨牙。

(2)睡前吃得过饱：有的家长怕宝宝夜间饥饿，影响生长

磨牙

吃手

踢被

发育，所以睡觉前会让宝宝大吃一顿，这样一来，就需要胃肠道不停地工作才能消化掉这些食物，无形中加重了胃肠道的负担，导致睡觉时引起不自主的磨牙。

(3)遭到家长的责备：一些孩子受到家长责备或打骂，引起情绪激动、焦虑不安，导致神经处于紧张状态而引起夜间磨牙。

(4)不良饮食习惯：挑食、偏食的宝宝由于体内营养素不均衡，比如缺钙，会引起面部咀嚼肌不自主收缩，出现磨牙现象。

病理因素引起磨牙的原因

(1)蛔虫病：肠道内的蛔虫会产生毒素刺激肠道和神经，引起肚子痛、消化不良或睡眠问题，会使神经兴奋而导致磨牙。

(2)牙齿咬合问题：在乳牙发育过程中，如果牙齿长歪、有蛀牙或外伤等可造成牙齿咬合位置不正确，从而引起磨牙现象。

抱睡、奶睡、同床睡，三大不良睡眠习惯

门诊见闻：冰冰，2个月。每次入睡前，都要妈妈抱着、拍、晃、走动才能睡着。有时刚入睡，放到床上就醒了。妈妈已经被"折磨"得精疲力竭。

一些父母为了让孩子有安全感或担心宝宝独睡的种种问题，经常抱着、搂着孩子睡觉，或半夜奶睡，舍不得跟孩子分开睡，这样不但会引起孩子较多的睡眠问题，也容易降低彼此的睡眠质量。

抱睡：抱着入睡，放下易醒

宝宝睡着易醒，首先要除外过热、过冷、吃得过饱或饥饿等原因，同时需要耐心培养宝宝自己入睡的习惯。处理方法：从白天开始，将快要入睡的宝宝放在小床上，如果他哭闹，可以在床边用语言和表情给予安慰，让宝宝哭一会儿再抱起来安慰，第二次让他哭的时间长一些再抱起，以后逐渐延长再应答的时间，直到宝宝觉得再哭爸爸妈妈也不会抱了，他就学会自己入睡了。

奶睡：半夜醒来吃着奶才能入睡

门诊见闻：熙熙，11个月，每天吃着奶入睡，凌晨3点多醒来要吃完奶才再睡觉，否则哭个不停。妈妈曾试着不给奶吃，但又不忍心让他哭，所以天天如此。

吃着奶入睡的习惯往往见于爱哭的宝宝，从小家长为了能让他安静和尽快入睡就给奶吃，宝宝就会认为吃奶是睡觉的前奏。怎么办好？

首先，睡觉前不要吃奶，可以把吃奶的时间提前。其次，睡觉的准备步骤很重要，可以用30分钟左右的时间进行一些睡前准备，培养宝宝睡时情绪，减少入睡所需的时间。夜间醒来，不一定是饥饿，可以给他一些照顾，比如换换尿片、轻轻拍拍入睡。

同床睡：夜间睡不安、踢被子

门诊见闻：楠楠，2岁，夜间不停翻身，转换姿势，踢被子。妈妈跟他同床睡，整夜不敢睡熟，怕他踢了被子着凉，又怕他趴着睡堵住鼻子和嘴巴，所以不停地帮楠楠摆正体位……真折腾人！妈妈以为楠楠缺乏微量元素或是有什么疾病，但去医院经过检查，并未发现异常。

引起孩子睡眠不安的原因常见的有：衣服穿着太多、太紧，衣服上的扣子、带子、商标造成不舒服，被子太重导致过热，房间不安静，灯光太亮，睡前吃得太饱或玩得太兴奋，等等。

与楠楠的妈妈一起分析原因，结果发现，妈妈怕楠楠半夜饿，总是在睡觉之前让他饱餐一顿；怕孩子踢被子受凉，总是让他穿两件衣服睡觉；为了方便晚上及时观察照顾孩子，妈妈跟孩子同床睡并总是开着一盏灯。这些都是错误的。经过调整转变之后，楠楠的睡眠质量逐渐改善。

留言板

宝宝频繁夜醒是怎么回事

很多宝宝都有夜醒的情况，但夜醒过于频繁，不仅影响宝宝的睡眠，更会使家长忧虑。

宝宝频繁夜醒找原因

(1)饿了，要吃奶了。

(2)尿了，要换尿片了。最好在喂奶前给宝宝换好尿片。

(3)穿衣不舒服了。给宝宝穿的衣服必须舒服柔软，避免扣子、带子造成的不适。

(4)温度不适宜了。过冷或过热对宝宝安静睡眠都不好，舒适的环境需要从温度、湿度上下功夫，室温保持在 24~26℃之间，湿度在 50% 左右。

(5)出牙影响睡眠。大部分宝宝 6 个月左右开始出牙，此时会感觉到不舒服。可以采取睡前啃牙胶或按摩牙龈的临时睡眠程序。也可以洗干净手，用手轻轻按摩宝宝的牙床，或者用一块干净的纱布套在手上按摩。

(6)病了，如感冒、感染、发烧、腹泻等。

减少宝宝夜醒的提前准备

(1)了解宝宝的睡眠模式：宝宝跟成人一样，一夜有多个睡眠周期。每个睡眠周期由深睡眠和浅睡眠组成，其中浅睡眠期容易醒，而且越小的宝宝睡眠周期越短。6 个月前，宝宝一般夜醒两三次；6~12 月的时候，夜醒一两次；1~2 岁时，一夜醒一次。

(2)亲密感让宝宝减少焦虑：白天多陪伴、多抱抱、多抚慰，建立亲密关系。

(3)养成固定的睡前程序：洗温水澡、喂奶、哼摇篮曲都可以，让宝宝慢慢放松、慢慢入睡。

(4)及时应答，让宝宝顺利再次入睡：家长要及时发现宝宝醒前的信号，把手放他身上轻轻安抚，让他再次入睡。如果宝宝完全醒来，发现妈妈没有出现则会发脾气，难以再次入睡。

俗话说，三岁看大，七岁看老。此话虽有偏颇，但孩子的行为、性格、心理等方面的发育倾向，在很小的时候就会露出端倪。如何在早期关注和训练孩子的行为发育，这也是父母们特别渴望了解的话题。

第四章
宝宝行为发育
和早教

 培养良好的亲子关系

亲子关系，有狭义和广义两种

◆**亲子关系中的 "亲"**：狭义上的亲是指 "父母"，包含所有年龄段的父母，不论年龄有多大，只要是父母，就是 "亲"。广义上的亲是指所有具有教育功能的人，孩子的亲生父母具有教育功能，爷爷奶奶、外公外婆、叔叔婶婶、姑姑姨妈等也具有教育功能，只要具有教育功能、教育职责或教育行为的人，都是广义上的父母，都是 "亲"。

◆**亲子关系中的 "子"**：狭义上的子是指 "孩子"。广义上的子是指所有处在学习与成长中的人，需要从广义父母那里学习知识、经验，继承他人智慧的人；可以是幼儿，可以是青少年，可以是中年人甚至更大年龄的人，对于父母，自己永远是子女，就是广义的 "子"。

从年龄上讲，亲子关系是指所有年龄阶段的父母与所有年龄阶段的子女的关系。

从教育的功能上讲，亲子关系是指所有教育和被教育者的关系。

读懂这些话、理解这些理念

※ 每个孩子都喜欢听父母的话，关键是父母怎样说；每个孩子都愿意接受父母的教育，关键是父母怎样教育。

112

※ 在内心深处，每个孩子都希望自己的行为得到父母的认可，能做让父母高兴的事是孩子内心深处最大的愿望。

※ 亲子之间有冲突，孩子反抗的并不是父母本身，而是父母的教育方法。

※ 每当父母利用权力和权威强迫孩子做事，他们就剥夺了孩子学习自律能力和自我负责意识的一次机会。

※ 父母对孩子的爱不是以父母付出的多少来衡量的，而是以孩子的感受来衡量的。

※ 只有在良好的亲子关系前提下，父母才有对孩子实施教育的可能。

父母与孩子相处最重要的技巧

给孩子留出一些独处的时间

> **门诊见闻：**爸爸妈妈带着 2 岁半的圆圆来做儿童保健，妈妈抱着圆圆进入诊室，可就是放不下圆圆，一放下圆圆就哭，哭得声嘶力竭，无法配合体检。妈妈向我诉苦：她也很苦恼，圆圆从小由妈妈亲自带大，所以很黏妈妈，尤其在陌生场合，更是一刻也不离开妈妈的怀抱，她也很想改变女儿的这种状况，给自己一些喘息的时间，期待孩子长大一点儿会好一些。

工作中，我们遇到的这种情况还真不少。

生活中，家长时时刻刻都围着孩子转的也不少。

……

实际上，孩子如此黏人是因为缺乏安全感。

父母们疑虑：今天的孩子得到如此多的爱，为什么还缺乏安全感？

我们可曾想过：过度的呵护、过多的关注、过分的陪伴让孩子变得更没安全感。

呵护过度，会让孩子失去自我。心理学家阿勒德认为，过度保护孩子会让他觉得非常自卑，使得他宁愿生活在大人的阴影下，也不愿意尝试自己玩耍。比如，学爬、学走的孩子，很容易磕磕碰碰，一旦不小心摔了或碰了，大人们常常反应过度，惊讶大叫的同时，还会把一脸的忧愁表现在孩子面前，甚至在孩子面前互相指责。这一惊一乍一指责的行为让孩子觉得这世界是多么的不安全。从此，为了防止孩子出现"意外"，家长们会变得更加不离孩子，束缚孩子的自由和独处，让孩子变得越来越没安全感。

关注过多，会变成打扰孩子。我国目前的家庭现状是孩子少、大人多，几个大人照顾一个孩子，孩子独自玩一会儿，大人们都盯着，奶奶叮嘱一句、爷爷指导一句、妈妈夸奖一句、爸爸让他转过身来拍照……不停地打扰孩子的思绪，并且破坏着孩子的专注力。

当孩子在玩耍或做事情的时候，家长要尽力避免干扰，这样有利于孩子专注能力的养成。比如，2~3岁的孩子喜欢搭积木游戏，这是一个积极的思考过程，通过回忆生活中的一些物品，加以联想、发挥和创新，可以促进孩子视觉、触觉、想象力和创造力的发展。但是，刚开始孩子们可能重复搭一些大人们认为很无趣的东西，搭了又推倒，推倒了又搭……实际上，这个时候宝宝们注意力最集中，建议家长们不要随意参与，允许他们独自游戏。

默默陪伴，让孩子在独处中成长

见闻：小区邻居的孙子小亮亮3岁多了，经常哭闹着要到外边玩儿，而且喜欢坐在地上玩沙子、石头、拆玩具。起初，爷爷奶奶觉得脏，总是不带他出去，陪他在家里玩儿。后来，时不时带他出去满足一下，但不让他去沙堆里，怕沙子迷住眼睛，怕石子弄痛小脚丫，爷爷奶奶对他的陪伴大部分是在监视和干扰。有一天，我下班回来，好奇地看到小亮亮坐在院子的地上玩玩具，很开心、很专注，一会儿跑到小沙滩里踩一踩沙子，一会儿又捡一些小石子坐在地上摆弄，爷爷这次静静地坐在旁边陪伴着他，我会心地对爷爷笑了笑，向爷爷竖起一个大拇指：好棒！

这个故事告诉我们，爷爷给小亮亮独立空间去感受和接触事物，满足了幼小心灵的需要。脑科学的原理告诉我们，孩子是在体验中学习和成长的，每一次真实的感受，会在大脑中留下一个印记，无数次的感受，就会形成一个新的画面，脑细胞会变得越来越活跃，思考能力和创造能力会越来越强。总之，陪伴是一种爱的方式，给孩子适当的独处时间也是一种爱的表达。需要提醒的是，孩子独处的时候，大人除了给孩子安全感外，还需确认环境的安全，以免发生意外。

父亲，请多留一些时间与孩子在一起

门诊见闻：有天专科门诊，妈妈带着上小学的婷婷来咨询并要求进行体格检查。原因是老师反映婷婷一上课就打瞌睡，没精神，成绩也不好。婷婷看上去体格发育正常，当我询问她每天晚上几点睡觉时，妈妈不好意思地说，每天晚上12点到凌晨1点才能睡觉，原因是爸爸每天接近晚上12点才回到家，回家后看电视、玩游戏，无形中影响了婷婷的休息。而且，爸爸这样做并不是因为工作的原因，所以，我给出的处方是：先纠正大人的习惯，再纠正孩子的习惯。

2015年12月，全国妇联儿童部发布的《第二次全国家庭教育现状调查报告》显示，目前家庭教育还存在一些倾向性问题，多数父母存在不同程度的养育焦虑……而且在家庭教育分工中多是母亲唱主角，近一半家庭教育中父亲"缺位"。从辅导孩子学习、培养特长、接送上下学、开家长会、培养日常行为习惯、纠正不良行为、教明辨是非、照顾饮食起居、生病时带孩子去医院、不开心时安慰、和孩子一起游戏和聊天等14个维度进行调查，统计数据为：妈妈为主的占43.2%，爸爸为主的占10.8%，爸妈共同承担的占39.9%，其他人做的占2.6%，没有人做的占3.5%。

父亲的教育，是任何人都不能替代的。美国的一项调查研究显示，即使还处于朦胧状态的婴儿，也会因为缺乏父爱而出现焦虑不安、食欲减退、抑郁易怒等"父爱缺乏综合征"的典型症状。缺乏父爱的年龄越小，患该综合征的危险越大。少时患父爱缺乏综合征的孩子，中学辍学率比正常孩子高2倍，犯罪率比正常孩子高2倍，女孩长大后成为单身母亲的可能性比正常孩子高3倍。

父亲给孩子的感觉与母亲不一样：

(1)有利于孩子学会克制自己过多的情感要求：父亲会更多地通过游戏和孩子交往，一旦游戏结束，父亲能很快转移情绪，这让孩子觉得十分新鲜，也有利于孩子体会在什么时候要克制自己过多的情感要求。

(2)父亲是力量、权威、智慧的化身：在生活中，爸爸的行为在潜移默化地影响着男孩，是他们模仿的对象，从爸爸的身上可以学到一些男性的特征。

(3)父亲会给女孩子带来安全感和骄傲：一位心理学家提到，父亲在女孩子自尊感的建立、身份感的获得、善良个性塑造的时候，扮演的角色比母亲重要。

(4)父亲更容易满足孩子的好奇心：如果一个孩子把新买的玩具拆了，父亲常常不以为然，甚至会和孩子一起拆玩具，然会再把玩具装好，激发孩子对新事物的兴趣。

(5)父亲传递的是独立、勇敢、冒险精神：他们会让孩子自己动手做事，对孩子的冒险行为也会适当鼓励，让孩子大胆地去骑车、爬山、赛跑等，甚至他们与孩子玩儿的方式更疯狂。

孩子的健康成长，离不开父亲的教育。而今天的现实中，绝大多数家庭是母亲在扮演育儿的主角，很多父亲成为辅助角色。这里不但要呼唤父亲们的觉醒，也要呼吁不要用过去的教育理念和价值观影响他们的行为。所以，忙于应酬或工作的父亲们：

爱孩子，就要给孩子美好的未来；爱孩子，就有责任和义务陪孩子一起长大。

孩子成长路上的挑战

焦虑，拒绝与亲人分开

随着宝宝一天天长大，一定会出现与亲人的分离，这样他们才能逐渐独立地走向社会。婴幼儿在与某个人产生亲密的情感结系后，当要与他分离时，会感到伤心、痛苦，以至表示拒绝分离，我们把它称为分离焦虑。

约翰·鲍尔比(John Bowlby)通过观察把婴儿的分离焦虑分为三个阶段：

(1)反抗阶段——号啕大哭，又踢又闹；

(2)失望阶段——仍然哭泣，断断续续，有动作的吵闹减少，不理睬他人，表情迟钝；

(3)超脱阶段——接受外人的照料，开始正常的活动，如吃东西、玩玩具，但是看见母亲时又会出现悲伤的表情。

焦虑会引起孩子生理上的应激反应，如果长时间焦虑，容易使孩子抵抗力下降。当宝宝到了上幼儿园的年龄，很多宝宝因害怕去幼儿园，会以不起床、装病、哭闹的手段进行抵抗。面对分离焦虑的问题，家长需要多想办法，多点耐心去对待，陪伴孩子一起度过这个阶段，让孩子健康成长。

家长可以这样应对：

◆**细心准备，给孩子一个适应过程：**比如一开始你可以在一旁看着孩子玩，之后离开几分钟再回到他身边，同时有其他人陪着他并与他互动，之后逐渐拉长离开他视线的时间。

◆**有效沟通，让孩子内心有安全感：**分离焦虑的出现与孩子的不安全感有关，因为他不确定你什么时候回来，所以内心缺乏安全感，应该清楚地告诉他你还会回到他的身边。

◆**当孩子出现焦虑时，给予适当安抚并转移他的注意力：**当孩子因为你的离开而哭闹时，应该给孩子适当的安抚，以降低其焦虑情绪，再用其他东西转移他的注意力。切记不能骂或者惩罚孩子，这样反而会让孩子内心的不安感更强烈。

发脾气，从孩子和父母身上找原因

经常有家长这样描述他的孩子：稍不满足就扔东西或大喊大叫或哭闹不止，甚至就地打滚、撕扯衣服头发等，我们通常说这是孩子在发脾气了。

各年龄阶段的孩子均可出现发脾气的现象，以幼儿期和学龄前期更为常见。难养型气质儿童、父母过度溺爱的儿童更易于出现。需要从孩子和父母身上同时找原因才能更好地解决这个问题。

(1)孩子发脾气，有原因可找：

◆**为了达到目的：**一般情况下，孩子发脾气是因为以前有过成功的先例。纠正的方法是对宝宝不合理的要求不能满足，坚持到底，对宝宝的哭闹在说服无效的情况下，可采取"忽视"的办法，即任其哭闹。宝宝会在"失败"的经历中慢慢改变。

◆**引起父母的注意：**宝宝感到自己受到冷落，需要引起父母的关注，所以才会发脾气。这种情况下，父母应尽量在繁忙中抽空陪宝宝玩一会儿。

◆**表达情绪的方式：**孩子还不会用语言表达自己的情绪时，遇到不开

心的事就会发脾气。这时家长要细心观察，引导孩子正确地表达情绪。

◆**自尊心受到伤害**：再小的孩子，也有自尊心。如果抓住错误不放一直数落孩子，会伤害他的自尊心，这样不但起不到教育的作用，反而还会引起逆反心理。

(2)孩子发脾气，父母要反思：

◆**父母情绪影响孩子**：如果父母的脾气不好或父母教育态度不一，孩子是能观察到和感觉到的，他也会模仿大人。

◆**平时过于迁就孩子**：过于迁就形成习惯，孩子遇事就会通过发脾气来得到满足。家长与孩子之间需要培养良好的亲子关系，可以立规矩，逐渐纠正这种不良习惯。

◆**日常教育方式不当**：面对孩子发脾气的时候家长难以控制自己的情绪，用打骂方式来制止。这样的行为，会让孩子对家长产生抵触心理，甚至会跟着大人学，以为用暴力可以解决问题。

◆**读不懂孩子的需求**：每个阶段的孩子心理发育特点不同，孩子的需求不一定可以用语言完全表达出来。所以，作为父母，一定要与孩子"一起成长"，了解孩子的发育特点，正确引导孩子塑造良好的个性，解决孩子的问题，纠正他的坏习惯。

犟嘴，孩子成长的必经之路

养了听话和乖巧的孩子，家长们会省心很多，这也往往是家长们炫耀的理由；有一天，当乖巧听话的孩子突然跟家长犟嘴了，有些家长就会想不通了，甚至埋怨，孩子越长越不懂事了。

有一天，一个同事找我聊天，她说，很奇怪，儿子上高中后，一两个星期才回家一次，可是一回到家，就钻到自己的房子里，把门锁上，也不跟父母说话，父母找他说话，他很烦的样子。

这种情况我在家里也遇到过，所以，同事跟我表达这些时，我深有体会。

十五六岁年龄段的孩子，正处在青少年成长阶段，孩子的自我意识增强了，认识能力提高了，为了显示自己的独立，他们喜欢对任何事情都采取批判、否定的态度，尤其面对父母的管教时。为了体现自己的这些不成熟的能力，会有"对抗""叛逆""犟嘴"等表现，这是一种常见现象，心理学家将孩子这个从儿童到成人的过渡时期所特有的表现称为"仇亲期"。

面对犟嘴孩子，家长可以这样做：

◆**放手，让孩子去做**：满足孩子的独立愿望，给孩子机会，放手让他们去做，即便做错了，也不可粗暴指责，而应该采取宽容、理解、接纳的态度帮助孩子分析原因、纠正错误，让孩子认识到自身存在的幼稚性和认识上的片面性。

◆**换位，成孩子知音**：孩子不愿意跟家长讲话或沟通，是因为他们认为家长不了解他们的心思，缺乏共同语言。所以需要换位思考，站在孩子的角度与他们分析交流，投其所好，这样就能打开孩子的心灵。

◆**尊重，让孩子放心**：这个阶段的孩子有很多心里话和秘密，家长要尊重孩子的隐私，不要偷听孩子的悄悄话和偷看孩子的日记。另外，这个阶段的孩子也特别喜欢在人面前"逞能"，在父母面前也不例外，家长应尊重孩子的发言权，给孩子"参政议政"的权利、给孩子选择的机会。

◆**倾听，让孩子平静**：虽然孩子自认为长大独立，很多话不愿意和父母说，但他的内心往往非常脆弱。父母此时更应该关心孩子的情绪，这也是教育孩子与人相处时用耳朵倾听的重要性的好机会，让孩子在父母关切的倾听中充分倾诉，问题就更容易解决。

 ## 孩子成长关键期要注意什么

正确认识早期教育

父母最大的心愿是孩子健康、聪明，为此他们费尽心血、不惜花大量的金钱送孩子去进行早期教育。早期教育的有效性毋庸置疑，但对早期教育的片面理解和不适当的教育方式，使早期教育实施结果事与愿违的现象比比皆是。

联合国儿童基金会执行主任卡罗尔·贝拉米说过：在孩子出生后的前36个月，大脑的信息传递通道迅速发育，支配孩子一生的思维和行为方式正处在形成阶段，当学习说话、感知、行走和思考时，他们用于区分好坏、判断公平与否的价值观也在形成。毫无疑问，这是人一生中自身发展的最佳时期，也是人生的奠基时期。这就需要每个家长学习科学养育孩子的知识，让他在人生的开始得到正确的引导和学习，也就是说早期教育不是机械地灌输知识，而是根据孩子生长发育的需要教孩子在"玩和游戏"中学习，把早期教育和日常生活结合起来。

在这里首先介绍0~3个月婴幼儿潜能开发与教育方法要点——

0~1个月：新生儿有一定程度的运动能力，为了锻炼头颈部的肌肉，有时可将新生儿竖起抱或俯卧位练习抬头和爬的动作，注意不要影响呼吸。视听刺激：当孩子觉醒时，可以和他面对面谈话，或用颜色鲜艳的红球（置于眼上方 20 厘米左右）吸引他，当他注视红球时就慢慢移动红球，设法吸引小儿的视线追随红球移动的方向。可在新生儿耳边（约 10 厘米左右）轻轻呼唤，使他听到声音后转过头来。平时，无论喂奶还是护理时都要随时随地和小儿说话，使他既能看到你的样子又能听到你的声音。年轻的父母一定要把新生儿当成一个"懂事"的孩子对待，要学会和新生儿交往。

2 个月：此时婴儿可以学抬头，练习头竖直位，俯卧抬头 45~90 度。注意练习俯卧抬头一般是在空腹情况下，即奶前 1 小时、觉醒状态下进行。可让婴儿练习握玩具，并进行丰富的视听刺激，在婴儿仰卧位时可在其上面 20~30 厘米处悬挂彩色环、铃和气球等。多和婴儿说话，注意调动小儿的主动性、积极性，尊重小儿，多给予情绪、情感上的支持。可进行户外活动，开始时可以打开阳台窗，作为户外活动的过渡，持续时间从数分钟逐渐增多，最好达到每天 2 小时以上。

3 个月：此时婴儿开始有目的地行动，学抬头和翻身，抬头达 90 度，俯卧抬胸，可以训练婴儿从仰卧位翻到侧卧位。千万不要忘了喂奶时教孩子，吃奶是食物刺激，和很多条件刺激如体位、语声、表情结合起来，使宝宝容易形成条件反射，这就是学习。惊喜的是宝宝这时可以笑出声、发元音，家长在婴儿情绪愉快时可多和他说话，逗引他发元音。要关注宝宝情绪的需求，需要抱时去抱抱宝宝，使其有安全感，让他学认爸爸妈妈，培养亲子感情，不要吝惜你的笑脸，调动宝宝愉快的情绪，笑有利于体格生长、促进早期认知的发展，是与人交往的桥梁。

一起分享4~6个月宝宝成长的快乐

宝宝是在成长探索中学习的，经历了 3 个月，宝宝已经大不一样了。随着大脑的发育，有目的的行动越来越多。这时候一定要满足他的好奇心，跟宝宝讲每天的所见所闻，不断增进他的体验，多跟宝宝做游戏，用语言或有趣的表情引导宝宝做出反应，一起分享快乐。

4 个月：训练宝宝翻身和拉坐，从仰卧到俯卧，练习拉坐时家长可抓住婴儿两只手，让他自己用力配合，家长仅稍用力帮助，将婴儿拉至坐姿。经常到户外活动，丰富宝宝视听刺激，看图片、画报，听幼儿录音带，看动画片，反复教婴儿认识他熟悉并喜欢的各种日常用品的名称，强化宝宝某些发音，练习手抓握，促进手眼协调。可以训练他找朋友，发展交往能力。

引导他跟着音乐摇摆，培养节奏感。

5个月： 训练宝宝靠坐和 / 或直立跳跃，选择合适的玩具，主动准确抓握，学习自己玩和自己吃饼干，学习观察周围环境，做"藏猫猫"游戏，这样不但可以培养愉快的情绪，也有助于想象力的开发。此时宝宝开始咿呀学语，对自己的名字有反应。照镜子时可教婴儿认识眼睛、鼻子、嘴巴等，锻炼他双手抓握能力及手眼协调能力，引导跟着音乐练习身体位置变动和平衡能力。

6个月： 训练宝宝从靠坐到独坐、翻滚和打转，积木从一个手转到另一个手，训练他抓取小东西，练习动作与语言结合，唱儿歌做动作，这样有利于他理解语言。告诉他物品名称，教他发爸爸、妈妈声。别忘了关注宝宝情绪的需求，当他哭闹时伸出你的手或敞开怀抱，宝宝会感到很温暖。

7~12个月宝宝的重要事

独坐： 这是宝宝大运动史上的一次飞跃。7个月的宝宝会坐稳，独坐为宝宝的生活带来了巨大的变化，有利于他视觉、听觉、精细动作能力的发展。

爬行： 爬行使婴儿获得自由。8个月的宝宝充满好奇心，爬行可以让宝宝向外界更加主动地探索，对孩子心理的发展与智力潜能的开发也有较大的促进作用。当宝宝爬行时，姿态由静到动，范围由点到面，思维、语言、想象能力、认知能力和情绪表达能力也相应得到发展与提高。

独行：这是婴儿发育的重要里程碑。开始独立行走的时间个体差异较大，11 个月到 1 岁半均为正常范围。练习行走时要把婴儿放在一个安全环境中，可以让他推着椅子往前走或在身上系着一条带子保护。不主张每天把婴儿放在学步车里，这样不利于婴儿全身肌肉协调平衡能力的发展。

学习进食技巧：宝宝自主进食不仅仅是营养问题，还关系到他的身心健康和智力发育。此阶段正是宝宝学习自主进食的时候，家长千万不要阻止，否则会造成日后挑食、追着喂饭等不良现象。7~9 个月的婴儿可以手抓饭、学用杯喝水，10~12 个月的孩子可以学用勺吃饭。

加紧学习听和说：9~10 个月为婴儿学话的萌芽阶段，这时孩子语言能力的增长最快，是最善于模仿的时期，也是加紧语言训练的好时机。

欣赏大自然：多带宝宝走出去，接触大自然，可提高婴儿的认知能力。

防止意外伤害：随着婴儿活动范围的扩大，好奇心增强，可造成气管异物、烫伤、摔伤、误服药物等意外伤害，家长务必放手不放眼。

禁止做不该做的事：1 岁左右的孩子，往往会提出一些不合理的要求或者做不该做的事，当要求得不到满足时会大哭大闹，有些家长不忍就迁就，以后会让孩子养成不好习惯甚至变本加厉地通过哭闹达到目的。遇到这种情况，应耐心向孩子说明理由，耐心劝阻或转移他的注意力，如孩子仍坚持无理要求或哭闹，可以采取"冷处理"的方式。

环境塑造大脑——别错过宝宝成长的关键期

宝宝在出生后的一年中，我们可以看到他的身体有很多的变化，同时他的大脑也在发生巨大的变化。宝宝大脑有 80 亿个神经元和连接点组成，随着孩子的成长（经验）有许多新的连接点出现。宝宝的大脑，拥有学习新技巧的能力所需要的神经连接，这些技巧可以让他充分地探索世界。

我们都知道"狼孩的故事"，当人类发现她的时候，她已与狼群生活在一起 7 年，即她已经 7 岁了，但只会爬行和嚎叫。虽然被救后经过很好的教育，但她到 17 岁死亡时，智商只达到 3 岁儿童的水平。这个故事说明，人的学习能力是有关键期的，一旦过了关键期，智力的损坏是不可逆的。

◆ **视觉关键期**——0~6 个月：视觉刺激可以为人和他们所处环境之间的联系提供极其重要的信息。3~4 个月时宝宝的颜色视觉基本功能已接近成人，他们偏爱的颜色依次为红、黄、绿、橙、蓝等。0~2 个月时，家人可以和他面对面地谈话，他可以追着颜色鲜艳的红球看（红球置于宝宝眼上方 20 厘米左右），在其注视时慢慢移动红球，设法吸引小儿的视线追随移动的方向，3 个月时，小儿可以视线转移，4 个月时可看图片和画报。

◆ **语言关键期**——0~6 岁：3 岁前是宝宝的语言学习期，学习方式多以听、看为主，3~6 岁的宝宝在听、看的语言信息积累的基础上，学习方式转变为主要以口语表达为主，肢体动作表现为辅。此时家长应与孩子进行多方位的交流，促进儿童对生活、自然的各种信息的感知，增强其表达能力。

◆ **人格关键期**——0~3 岁：3 岁以前孩子人格的发展是儿童成长的重要组成部分。我国有句老话"3 岁看大"，婴儿时期不但是智力快速发展时期，也是人格形成的阶段，其影响将持续终身。健康人格发展主要包括四个方面：①乐观稳定的情绪。促进婴儿身心健康的良方是笑。②思维和活动的独立自主性。小儿 1 岁以后开始有了独立的能力去尝试自己做事情，这时就要注意独立能力的培养，如教小儿自己用勺吃饭、自己穿衣脱衣，自己洗手洗脸等。③良好的社会适应能力。8~10 个月的婴儿就可以开始培养社会适应能力了，当他要吃点心或要人抱的时候，父母要让他知道什么时候才能得到满足，教会他在此之前只能等待。④自尊心和自信心。父母应及时表扬孩子的微小进步，不过分指责孩子的失败和错误。

开启宝宝智慧之源

　　一些父母认为，小宝宝除了吃什么也不懂，只要给宝宝吃饱喝足就可以了，因此把大部分精力放在宝宝对吃的需求上，而忽视了宝宝情感和智力方面的发展。瑞士心理学家皮尔杰认为：0~2岁宝宝的认知发展处于感知运动阶段，宝宝主要凭感知与动作之间的关系来获得动作经验，促进智力的发展，以此来适应外部环境，进一步探索外界环境，其中手的抓取和嘴的吸吮是他们探索世界的主要手段。

　　宝宝一出生就具备感知学习的能力，大脑有上千亿个神经细胞，渴望通过"眼、耳、口、鼻和皮肤"等感觉器官捕捉来自环境的良好信息，通过接收和处理这些信息，开始学习和探索。在养育宝宝的过程中，父母们要抓住生活中教育的契机，培养宝宝的表达能力、观察能力和记忆能力等，在生活中开启宝宝智慧之源，让宝宝更聪明。

(1)随时随地与宝宝说话：把身边看到的、触摸到的都告诉宝宝，让宝宝适应不同的声音、声调、语气，说话时大人的表情、眼神和动作可以帮助宝宝领悟情景，感受爸爸妈妈的爱，建立安全感，同时可以为宝宝语言的发展储备材料。要鼓励宝宝完整和具体地表达，培养宝宝的表达能力。

(2)让故事、图画书陪伴宝宝成长：图画书是宝宝成长过程中重要的桥梁，听故事、阅读图画书可以培养宝宝的记忆力、思维能力及观察力，所以爸爸妈妈们不要认为宝宝听不懂就不去讲故事，要多讲故事给宝宝听、陪伴宝宝看图画书，让宝宝借助语言展开联想，借助图画引发思考。

(3)让玩具成为宝宝生活的伙伴：玩具可以使宝宝有更多的机会体验，增长知识、开发智力。父母可以跟宝宝一起玩，建立良好的亲子关系，比如一起拼图和搭积木，引导并鼓励宝宝用自己的想象去创造。

(4)亲身体验，自由探索：宝宝探索自然的方法是通过眼睛、鼻子、嘴巴、耳朵、小手等感觉器官完成的，所以在宝宝成长的每个阶段，父母要尽量提供空间和机会让宝宝去尝试和体验，宝宝会拥有更多的智慧。比如用手去抓饭吃、用鼻子闻一闻食物的气味、用小嘴品尝食物的味道，各种各样的食物都会成为宝宝想象的良好素材。

(5)让宝宝接触大自然，开始认识世界：1岁多的宝宝，喜欢户外活动，喜欢玩自然物如树叶、沙子、花草、水等，对自然界中的一些声音如雨声、雷声、鸟声等感到好奇，开始关注自然界中的一些小动物如爬的小虫、飞的蝴蝶等，试图用自己的感觉器官对事物进行探索。所以，要经常带宝宝到大自然中，不仅要鼓励他主动探索、积极参与各种活动，还要教会宝宝如何进行观察，通过经验的积累，促进宝宝的认知，丰富宝宝的精神世界。

如何教宝宝学说话

门诊见闻： 1 岁半的毛毛，一双眼睛很明亮，反应敏捷，妈妈说啥他都知道，就是不开"金口"，急坏全家人了。1 岁 2 个月的甜甜已经会说很多词语，人见人爱。语言的发育虽然有一定的规律，但也有个体差异。因为不愿意说话，被带来咨询和就诊的宝宝越来越多。这也难怪，毕竟语言被称为"人生的第一智慧"，孩子不开口，家长当然着急。

语言发育的里程碑： 刚出生的宝宝会被新奇的声音吸引，停下动作，安静倾听；4~6 个月的宝宝会寻找声音来源，能分清友好、愤怒的语气；7~12 个月的宝宝听到家人呼唤名字会扭转头寻找，并且知道家人的称呼和一些日常用品的名称了，还能执行简单的命令如"再见""欢迎"等，且会模仿，大人说话他会留意；1~1.5 岁的宝宝会说 10~20 个常用物品的名称，能理解简单的句子和小故事；1.5~2 岁的宝宝语言发展迅速，他们开始不断问问题，喜欢听讲故事，会说出 2 个单词组成的句子。

创造良好的语言环境，从宝宝出生开始： 6 岁前是语言发展的关键期。"狼孩的故事"告诉我们，过了关键期，语言的损害是不可逆的。一个人的语言能力是后天获得的，所以，一出生就给宝宝创造一个丰富的语言环境很重要。①照看和护理宝宝时，要经常和宝宝说话，重复说。②不要忽视模仿。2~3 个月的宝宝逐渐会模仿发音，父母可以对宝宝发元音或拼音比如 a，ou，ma 等。③父母说得越多，宝宝学得越多：当宝宝 5~6 个月时就要把实物和语言联系起来，比如指常见的物品如灯、树、小草、西瓜等，反复说。

帮助宝宝积累语言素材，鼓励宝宝说话： 有的妈妈反映，孩子一说话，一下就说出很多，令人吃惊，实际上孩子的语言是经过长期储备的。① 1 岁左右的孩子，虽然说不出话，可是他会用心观察大人的嘴巴及发音，听周围人说话的声音，并把这些语音与当时的情景和环境联系起来，理解语意，因此大人要不断、耐心地与孩子说话，平时陪孩子看有图的书刊，给孩子讲故事等，帮助他们积累语言素材，使孩子学到、听懂更多的语言储

129

存在大脑中，当孩子会说时，就会说出很多流畅的语言。②及时鼓励孩子说话。比如当宝宝第一次发出"爸爸""妈妈"时，一定要多抱抱、亲亲宝宝，鼓励他再说。宝宝能听懂一些话时，大人可以指着物体鼓励他说出名字。③孩子发音不准、说话别人听不懂时，家长也要耐心听，因为孩子的发音器官不完善，会经历学说话的练习阶段，应受到鼓励，但父母要注意为孩子示范正确的语音和发音方法。

养育孩子是门科学，父母应该学习什么

《钱江晚报》一篇醒目的文章标题曾引起了大家的讨论：唆使儿子"捡"包的爹妈，你们没资格教育孩子。我一口气读完了这篇报道，心中很不好受，在这种家庭环境中受到伤害最大的是孩子。这些年我和我的团队利用业余时间做的一项工作就是开展育儿学校家长教育，教育孩子如何做人、做事。我为自己有意义的工作自豪的同时，也感觉到力量的薄弱，家庭是孩子的第一所学校，父母是孩子的第一任老师，我们呼吁社会重视家长教育和家庭教育。

故事经过：某天傍晚，张先生一个人到一家肯德基吃饭，不慎将自己的包忘在了椅子上。包内除了1500元现金、手机和提货券外，还有身份证和驾驶证等各种证件。等他回头找时，包已经被人捡走了。但从餐厅的监控显示，是一对父母唆使孩子"捡"走了包。张先生和许多得知此事的网友的想法差不多："可不能为一只包丢了应有的修养和道德，要不，为人父母者怎么教育孩子啊？"

虽然这只是一个个案，但这种现象并不罕见，因为我也经常丢东西，每次都期盼着能找回，但没有一次如愿的，即使很短的时间内发觉回头去找，也会不见影踪。

这件事总是萦绕在我的心头，我想告诉已经成为和即将成为父母的人们，这样的事情不要重演。

今天，教育孩子成了父母们最头痛的问题，但父母们有没有想过，你们真的给了孩子最好的吗？

养育孩子是一门科学，缺乏科学和道德的观念和做法，不但不利于孩子的健康成长，甚至会对孩子造成持久的伤害，那么，教育孩子，父母应该学习什么？

(1)学习做孩子的榜样：孩子从小学到的东西对今后的成长有很大的影响。因为孩子在成长过程中是通过模仿，从生活中一点一滴地学习和积累人生经验的，当然，模仿的对象主要是自己最亲近的人，家长每天的言行直接影响着孩子。不管在学校或幼儿园接受多么好的教育，如果父母没有

131

一个好的表率，那么孩子就会在现实与所学到的东西之间徘徊，最后很可能选择现实中所看到的、听到的。

(2)学习一些心理学：父母们应该了解孩子在不同年龄阶段需要发展的主要能力，并给予正确引导。心理学家认为，父母对待孩子的态度、教育孩子的方法，对孩子的自尊发展有着重要影响。因此，父母多了解孩子的心理特点，掌握正确教育孩子的知识和方法，将有助于提高孩子的自尊。

(3)学习更多的知识：父母们应该努力提高自身素质。俗话说：教育在学校，素质在家长！没有父母素质的提高，就没有孩子的高素质！不断地学习知识才能帮助家长应对孩子在成长过程中问不完的问题。

(4)学习一些法律法规：家长自觉遵纪守法，才能指导孩子不触犯法律。

(5)学习跟孩子一起面对社会，一起克服困难，陪伴他们一起成长，这是孩子们的心声。

第三节
性格塑造

轻松应对孩子的"自私"行为

门诊见闻：前几天，一位妈妈高兴地告诉我，她的女儿上幼儿园后，有时愿意与她分享零食，这是一大进步。因为在2~3岁期间，她的女儿表现得非常"自私"，不乐意与别的小朋友分享玩具和零食，她的东西抓得紧紧的，甚至不让别人碰，如果被碰到，就会大哭大叫。为此事，这位妈妈很苦恼。

认识孩子的成长

随着孩子一天天地长大，我们除了能清楚地看到他们的外形体格的变化外，还能看到他们的意识、思维也在变化。3岁左右的孩子，身心都面临巨大的变化，他们开始产生自我意识，并且进入自我意识的敏感期。在这一敏感期，孩子出现最多的现象如下：

(1)划分"我的"以及"你的"：通过说"不"来表达自我的意志，他们会感觉"我说了算"是重要的。

(2)抗拒别人的亲近：如果想亲他或抱他，宝宝的反应就会很激烈。甚至对成年人未经允许就触摸他也表现得极为愤怒，他们会以尖叫、跺脚、推拒来捍卫自我，以这样的方式向成年人宣布："我的身体是属于我的。"

(3)拒绝分享：孩子会拿着自己的东西说"这是我的"，并且拒绝和别人分享食物。

家长应轻松面对

自我意识敏感期是孩子所有敏感期中最重要的一个,保证顺利度过这个敏感期,就保证了孩子未来人格的强大。家长可以这样来应对:

(1)该做什么照做,孩子说"不",父母不必纠正过来,不必和孩子争辩是非,这样就不会影响孩子的敏感期,更不要以大人的道德观来评判孩子。

(2)顺其自然,避免强行分享。宝宝不愿意把心爱的玩具分给他人时,不能强行抢走给其他小朋友。这样会造成孩子对物品没有安全感,影响他长大后在潜意识深处去正确区分哪些是该拥有的东西。家长可以通过转移孩子的注意力来缓解状况。

(3)要让孩子学会与他人分享,需要家长慢慢引导。在分享食物时,可以先从身边熟悉的亲人开始练习,然后是平时熟悉的小伙伴,最后才是其他人。

约定,让我们与孩子的相处变得更轻松

多数家长会有这样的体会:孩子在外玩得高兴时不愿意回家;到睡觉、吃饭时间了,孩子就是不上床睡觉、不按时吃饭;千百次地要求孩子整理好满地的玩具,就是无效……家长们总是感叹,孩子难管、孩子不听话,相互比较着哪家的孩子是"乖孩子"。

见闻: 夏日的一个周六,小区的游泳池里很多孩子戏水。

一位妈妈在岸上无数次催促他家的孩子上岸,可孩子像没听见一样,妈妈无奈之下硬把孩子从水中拉出来,孩子就地坐下大声哭闹不走,并且嘴里大声指责妈妈是个大骗子。其他家长站在一旁围观,这位妈妈很尴尬,抱怨说:这孩子不懂事,次次都是这样,所以不敢带他来玩水,因为总是叫不回去,就承诺给他买玩具或带他去好玩的地方,可是回家后总是没兑现当时许下的诺言,就这样给孩子留下了骗子、妈妈说话不算数的印象。

而另一位岸上的妈妈,则和水中的孩子不断地交流互动,妈妈不时提醒孩子,还有15分钟、10分钟、5分钟、1分钟、我们约定的时间到了,孩子很听话地上岸跟着妈妈愉快地回家了。周围的妈妈看在眼里,非常羡慕这位妈妈有一个很乖巧的孩子,并向这位妈妈取经,原来他们无论在家庭或是幼儿园,从孩子能听懂大人的话开始,就有意识培养约定的好习惯。

135

约定与规则

在家里,家长们按自己的意愿制定很多的规则和要求,希望孩子们按照家长所说的去做,把孩子培养成"乖孩子"。可是,孩子是有思想的,总是被要求或被动执行规则,孩子是不容易接受的,甚至会在他们不成熟的心理上增加一些阴影和叛逆,这样执行起来就更有难度了。

约定是家长和孩子商量共同制定的规则，孩子更容易接受。

陪孩子一起长大的过程中，孩子总是带给家长很多挑战，我们的家长要学会利用这种挑战，培养孩子参与自我管理的能力。

约定三注意

◆**提醒并坚持约定**：已经约定好的事情，一定要坚决执行。当孩子看到自己喜欢的东西，忘了与家长的约定，吵着一定要买时，家长就要提醒孩子并坚持约定。

◆**以身作则，耐心沟通**：父母首先要遵守约定，给孩子以榜样。孩子的自制力有限，一旦孩子忘记约定或不遵守约定，父母应耐心温和地提醒和沟通，坚持原则能给孩子安全感。

◆**及时鼓励**：正强化可以帮助孩子成长，形成好的习惯，事后总结很重要，当孩子做到了约定的事情，家长可以对孩子的表现竖起大拇指，对他说：很棒！

孩子为什么总要用哭闹的方式达到目的

交流现场：我受邀来到一个镇区讲授科学育儿课，令我感动的是家长们都很积极地参加，课前调研的对象一半左右是二孩妈妈。课后妈妈们问题不断，一个孕妈妈一直未走，等到所有的妈妈咨询完，她才提出她的问题：她的第一个孩子已4岁，是男孩，很难带，跟爷爷奶奶一起住，全家苦恼的问题是孩子不按时吃饭、挑食，他要的东西一定马上给他买回来，否则就躺到地上打滚哭闹不停，每次都要达到目的才罢休。

这个妈妈提出的问题很常见，很多家庭中，五六个大人都对付不了一个孩子，还把大人搞得筋疲力尽。这种不良现象是如何形成的？采取什么方法才能纠正？

问题的来源

◆**不良纵容导致的结果**：孩子是很聪明的，刚开始会通过行为不断地试探家长，当他第一次从哭闹行为中得到满足后，他就会不断地使用这种方法。每一次家长的妥协，就等于强化了一次效果，就这样孩子的行为变得越来越难纠正了，甚至不分场合。

◆**父母与老人态度不一致**：当孩子出现不良行为时，往往祖辈成为孩子的"保护伞"，孩子会更无惧怕地延续和固化这种行为。

◆**孩子对正确行为的认知不够**：当孩子能听得懂话时（一般2岁左右），家长要有意识地让孩子明白什么事情可以做、什么事情不可以做，培养孩子对"可以"和"不可以"有自己的认知度。随着孩子的逐渐长大、加深对正确行为的认知，在家长的引导督促下，自觉形成比如按时吃饭、按时睡觉的好习惯，就会学会控制自己和约束自己。

应对的技巧

◆**首先了解自己的孩子**：孩子对物质的欲望很强，一定是他的部分心

137

理没被满足造成的，比如有的孩子一定要某个东西，是因为想得到关注，从家长那里证明自己的重要性。比如 3~5 岁的孩子比较叛逆，很难听进去不同意见，也不愿意受人控制，家长如果跟他强行对抗，就会适得其反。再比如难养型气质类型与易养型气质类型的孩子对环境刺激做出的应答方式也不同。所以，家长在跟孩子互动的过程中也需要检视自己：对孩子的关注够不够，教育方法适当不适当。

◆**家庭教育观念要一致**：孩子会察言观色，而且可塑性和适应环境的能力都很强，如果全家在教育孩子的态度上保持一致，不良行为的纠正就会变得很轻松了。

◆**培养遵守约定的习惯**：与孩子在尊重和平等的前提下做事前约定，孩子才容易遵守。如果孩子仍然有哭闹的行为，家长可以先适当安慰，抱抱他，同时告诉他妈妈理解他的感受，但态度一定要坚定，一段时间后，他就会明白家长的底线，学会遵守约定或规则并放弃用哭闹的方式达到目的。

◆**家长为孩子把握好原则**：孩子的判断能力是有限的，家长要把握好原则和方向，孩子恰当的要求可以满足，不恰当的要求要坚持原则，不予满足。

3 岁孩子多叛逆，家长该怎么办

门诊见闻： 经常有家长咨询孩子叛逆的问题，比如：我的孩子 2 岁（3 岁或 4 岁）了，似乎突然变了样，本来乖巧的孩子突然不听话了，固执、任性、情绪化、爱发脾气、总是说"不"或者爱和家长对着干，甚至爱打人，有时候，家长越管教孩子越不听话。

家长因此变得迷惑、苦恼、着急又不知所措，心中产生无数个为什么。

事实上，所有孩子都会经历这样一个难以管教的阶段，心理学上称为孩子的"第一反叛期"或"第一反抗期"，一般持续时间 1 年左右，此时的孩子特别喜欢拒绝大人的要求，故意做大人禁止做的事，这种叛逆，是孩子生长发育过程中的一个必经阶段。

告诉你，我叛逆的原因

3 岁左右的孩子产生叛逆的主要原因有三个方面：

(1)开始产生自主意识，开始意识到，"我"是和别人不一样的。他开始试图了解周围的环境，建立自己的好恶观念，表达个人的需求。也就是说，以前孩子区分不了个人的意愿和别人的意愿，现在，他们清楚地知道，哪些事情是让"我"做的，哪些事情是"我"想做的，孩子想表现自己的意志，但是这种表现，往往与成人的规范相抵触，因此，孩子就会有挫折感，因此出现反抗行为。

(2)开始学习思考问题，形成自己处事的观点，希望按照自己的方式做事。由于身体和动作能力的发育，孩子渴望扩大活动范围，不断尝试独立完成新的事情，但这些要求往往会受到家长的阻拦和限制，因此产生反抗。

(3)情绪控制能力还比较弱，思维发展水平还不高。实际上，小小人儿，每天都有好几种情绪在作怪，恐惧、害羞、嫉妒等，很多情绪都是孩子第一次体验到，他必须面对并处理这些情绪，对他来说这是人生的大课题。一旦他感到不满足，就会以直截了当的形式表现出来，比如吵嚷、哭闹、不耐烦等。

理解我，这是我的心声

这个阶段，孩子需要父母与他们手拉手共同度过，所以父母的行为很重要，只有了解孩子的心声，才能给予适度的帮助。

(1)情绪紧张、不安全更易导致反抗：为了学习独立，孩子必须先接受、处理他的不安全感，所以，家长要允许孩子黏着你，建立信赖感，比如每次外出要让孩子知道，并告诉回来的时间，并且言出必行。

(2)父母换位思考：家长可以从孩子的角度去考虑问题、解决问题，而不是一味地管教，把自己的观点强加给孩子。

(3)尊重孩子的人格：孩子虽小，但也有自尊心，家长要避免讽刺、挖苦、辱骂、体罚，以及不分场合地批评孩子。

(4)满足孩子的好奇心，引导他达到目的：幼儿的好奇心和求知欲很强，喜欢问个明白、探个究竟，这里摸摸、那里碰碰，甚至拆拆拆，家长不能光简单、粗暴地说不允许或不理睬，要提供安全、无障碍的探索环境，甚至跟孩子一起"研究"，把引导和生活教育当成游戏，乐在其中。

(5)欣赏孩子的勇敢：父母不妨为家中乐于探索、勇敢挑战的孩子拍拍手，他正在经历人生这个特殊阶段——最快速而又混乱的成长阶段。

叛逆了，我需要的帮助

(1)家长应与孩子建立良好亲子关系：抽更多的时间陪伴孩子，在他不捣乱时，给予更多的关注，当他有危险动作时，注意语言表达方式，要让他更容易接受，比如尽量用"你可以……"取代"你不可以……"。

(2)家长可以帮孩子建立稳定的生活作息规律：这个时期的孩子会严格遵守从观察中学得的规则，比如：何时该做什么事、什么东西该放在哪儿。可预期的生活节奏，可以带给孩子安全感。

(3)家长可以教孩子更好的情绪表达方式：当他有情绪时让他不要压抑，鼓励他用语言表达挫折和愤怒。如果他的语言技巧不熟练，可以试着帮助他重组句子。

(4)帮助孩子转移注意力到新的、有趣的事物上：如果有危险的情境，就不能放任孩子的决定，最好的方式是转移他对眼前事物的注意力。

(5)多带孩子出去，交朋友、观察探索周围的世界。

(6)父母做榜样，言传身教：孩子在决定自己如何面对新的刺激时，往往会先看父母的反应，实际上，孩子的一言一行，无形中都在模仿父母，"身教"胜过更多的教育理念。父母应营造和睦的家庭、轻松的氛围。

不同阶段的不同发育情况

一个健康宝宝的诞生，对家庭来说带来的不仅仅是高兴，更多的是期待和希望。宝宝能在家长爱的温暖和养育下健康地成长是件幸福的事情，可是在陪伴孩子成长的过程中，年轻的爸爸妈妈们多多少少都会遇到孩子生长发育方面的困惑和疑问。

> **门诊见闻：** 6 个月的虎虎，出生时 7.8 斤重，全家人既高兴又自豪。在大家的照顾关爱下，虎虎第一个月长了近 2 斤，第二、三个月也很不错，平均每个月增长 1.5 斤，全家人沉浸在幸福的喜悦中，可是第 5 个月才长了不到 1 斤，而且宝宝吃奶也没有那么热情了，全家人既紧张又焦急，怀疑是喂养出了问题，想尽各种办法给宝宝搞吃的，轮着喂奶，不停地换奶瓶，越是这样，宝宝越不吃……当家人带小虎虎来体检咨询时，结果显示孩子生长发育正常，精神状况良好。经过指导，家长轻松对待，孩子也轻松了，快乐地成长着……

实际上，我身边这样的案例不少，家长们关注于宝宝的斤两，拿宝宝跟以前比、跟别人比，不当的比较会造成很多行为问题。这些案例告诉我们，作为家长有必要了解一些孩子生长发育的常识，体格、运动、骨骼、牙齿的发育有规律也有标准，可以作为衡量宝宝健康与否的标准，供家长参考，但愿能让家长心中有数。

(1)体格发育：①体重。出生前半年是宝宝第一个生长高峰，每月平均增长 600~800 克，其中前 3 个月内每月增长 700~800 克（第一个月可增长 1000 克），4~6 个月每月增长 500~600 克。6 个月后体重增长减慢，其中 7~12 个月每月增长 300~400 克，1 岁时体重达到出生时 3 倍，2 岁时达到出生时 4 倍。②身高。新生婴儿出生时平均身长为 50 厘米，生后第一年增长快，身长可增长 25 厘米，也就是说 1 岁时的身高可达到 75 厘米。第二年增长速度明显减慢，平均 10 厘米，也就是说 2 岁时的身高可达到 85 厘米。③头围。头围与脑的发育密切相关，1 岁内增长较快。出生时一般为 33~34 厘米，1 岁时约 46 厘米，2 岁时约 48 厘米。

(2)运动发育：俗话说"三抬四翻六会坐，七滚八爬周会走"，这反映了婴儿运动发育的顺序，即 3 个月的宝宝会抬头，在能抬头 90 度的基础上可以练习抬胸，4 个月会翻身（从仰卧位翻到俯卧位），6 个月会独坐，7 个月会翻滚，8 个月会爬行，为站立行走打好了基础，12 个月会扶行或独行。

(3)骨骼发育：①头颅骨发育。一般是根据头围的大小、骨缝及前后囟门闭合的时间来评价头颅骨的发育。前囟门一般在 1~1.5 岁闭合，后囟门在出生时已很小或已闭合，一般在出生后 6~8 周闭合。②脊柱的发育。宝宝出生时脊柱无弯曲，仅呈现轻微后凸。3 个月左右抬头动作的发育使脊柱出现第一个弯曲——颈椎前凸，6 个月后宝宝能坐时脊椎会出现第二个弯曲——胸椎后凸，1 岁左右宝宝开始行走时脊椎会出现第三个弯曲——腰椎前凸。③长骨的发育。长骨需要一定的生长过程，通过 X 线检查长骨骨化中心数目可以判断骨骼发育情况，正常宝宝 1~9 岁时的腕部骨化中心的数目 = 岁数 +1。

(4)牙齿发育：人一生中有两副牙齿，即乳牙（共 20 颗）和恒牙（共 32 颗）。乳牙开始萌出时间是出生后 4~10 个月，最晚到 2.5 岁时出齐。

不要错过教宝宝学用杯子喝水的机会

　　用杯子喝水，对于常人来说是再简单不过的事了，但对于习惯使用奶瓶的宝宝来说，学会用杯子喝水不是一件容易的事。最近接到不少 1~1.5 岁宝宝妈妈们的咨询，对于宝宝学用杯子喝水不知所措。

什么时候开始教宝宝用杯子喝水？

　　6~7 个月的宝宝，独坐自如，能够自己用双手握紧奶瓶时，就可以给宝宝提供练习用杯子喝水的机会了。用杯子喝水是宝宝成长过程中必要的生活常规训练之一，如果宝宝继续把奶瓶当作主要的进食工具，他的口腔就难以保证健康。错过了这个教宝宝用杯子喝水的关键期，随着宝宝渐渐长大，他会越来越依赖奶瓶。训练使用杯子，不仅可以加强宝宝肢体动作的协调性，还能培养宝宝的自信心，也是帮助宝宝走向独立的开始。

教宝宝用杯子喝水的技巧

从吸吮转向喝，对宝宝来说是一个台阶，不仅需要一个过程，也需要掌握一些技巧。可以分 2 步走：① 6~12 个月的宝宝，先训练用吸管取代奶瓶喝水。可以选用带握把的吸管杯，也可以直接使用吸管，方法为：准备一个装白开水的杯子、2 个吸管，妈妈将 1 支吸管含在嘴里，用力做出吸吮的动作，让宝宝模仿着重复数次；将另一支吸管的一端让宝宝含在口里，另一端放在装了半杯白开水的杯子里。妈妈拿着杯子，协助宝宝固定好吸管。妈妈不断重复吸吮动作，让宝宝模仿。当宝宝吸到杯子里的水之后，他很快就能了解这个动作所带来的结果，进而学会用吸管喝水。② 1 岁左右的宝宝可以训练用普通杯子喝水：购买两边带有握把的学习杯，让宝宝练习使用双手。一开始宝宝还无法很好地控制力量，妈妈可以协助宝宝握紧杯子，慢慢将杯子里的水倒入宝宝口内。当宝宝练习成功之后，记得要及时鼓励宝宝，并逐渐增加杯子内的盛水量。即便宝宝做得不够好，也不要责怪他，以免影响其学习用杯子喝水的积极性。

关于宝宝喝水的特别提醒

(1)最好在两餐之间给宝宝喝一些白开水。

(2)不要为了鼓励宝宝喝水而给有味道的水，应避免用葡萄糖水，以免增加宝宝身体的热量，影响食欲，导致过度肥胖。

(3)要有耐心，从宝宝有兴趣拿起杯子喝水，到完全掌握喝水的技巧，一般需要几个月的时间。

宝宝用手抓饭，竟然大有好处

门诊见闻：豆豆7个多月了，妈妈看到一天天长大的豆豆，心中充满了喜悦和自豪，但是在育儿的过程中总是会遇到烦恼和迷惑的事情。妈妈会带着豆豆每月来进行保健，一是可以评估一下豆豆的生长发育情况，二是可以得到专家育儿指导，心里会踏实很多。豆豆的妈妈是个细心的人，除了记录宝宝的成长日记外，每次来专家门诊都会带着一张写满问题的纸。今天打开纸映入我眼帘的第一个问题就是"如何正确处理宝宝抓饭"。我对她一笑，这个问题是每一个妈妈都会遇到的问题。

饮食是婴幼儿学习、探索人生的重要途径。进食从来不仅仅是满足生理上的需要，更是满足精神方面的需求，同时可以开发宝宝的社交能力。一开始的母乳喂养，婴儿得到的不仅仅是香甜的乳汁，也是妈妈温暖的怀抱和充满爱意的关注。到了进食固体食物阶段，宝宝会从进食活动中得到身体和精神两方面的愉快感，并且会更进一步地感受、认知事物和世界，对父母和环境建立信任感。

别看用手抓饭这个小动作，其中蕴藏着大量的智慧和益处：

(1)训练双手的灵巧性；

(2)培养手、眼协调和平衡能力；

(3)通过抚触、接触的方式来熟悉食物，使宝宝对食物不陌生；

(4)减少将来挑食的可能，经常频繁"亲手"接触的食物，也就不再抗拒了。所以孩子自己接触的食物越多，挑食的可能性就越小。

(5)增强自信，让宝宝自己用手抓食物吃或是自己拿勺子喝汤、吃饭，满足他们急切地想自己动手的愿望，这样会使他们对吃饭这件事更有兴趣，对自己进食更充满自信。

在宝宝抓饭吃时，家长需要注意：

(1)限定时间，让他在规定的时间里吃，如果到了规定的时间孩子还没吃完饭，父母不应让他继续再自己吃下去，而是应该收掉碗和勺子。如果孩子玩兴太大，吃得不多，父母可以喂他几口，当然主要的过程还是要他自己完成。

(2)不要责怪孩子：父母看到孩子吃饭时把饭粒撒得到处都是，衣服上也沾了油渍，难免会忍不住批评孩子，而当孩子受到训斥时，中枢神经受到抑制，交感神经兴奋使消化液分泌减少或者完全不分泌，孩子会感到食物难以下咽，甚至恶心呕吐。

(3)放手不放眼，正确引导，严格把关，禁止孩子抓食圆而硬的食品，如爆米花、花生粒、糖块等，防止食物卡喉造成窒息。

孩子学走路，要不要买学步车

作为家长谁都盼望着自己的宝宝早点会坐、会走，看着宝宝在学步车里满屋跑，全家人的那种高兴劲别提了。家长的心理是早使用学步车，孩子就能早会走路。在平时遇到的家长中，给孩子使用学步车的时间差异很大，早者在孩子 5 个月大时，晚者在孩子 10 个月大时。到底什么时间使用学步车合适呢？这也要遵循科学。

宝宝的大运动发育规律

婴儿正常运动发育的进程是以脑形态的完善和功能的成熟以及神经纤维髓鞘化的时间与程度为基础的，有一定的规律，同时还需要骨骼和肌肉的参与，因而运动的发育与神经系统的发育及全身的发育密切相关。运动发育主要遵循头尾规律，即顺着抬头→翻身→坐→爬→站→走这一趋势逐渐走向成熟的，最早是头部的动作，宝宝先会抬头，再会转头，以后开始翻身，6 个月左右会坐，尔后是手臂和手的运动，最后才是站立和行走即腿和脚的控制。俗话说"七滚八爬周会走"也就是指婴儿关键运动发育的时间。

宝宝站立行走需要的条件

宝宝从出生到会走要经历几个阶段，爸爸妈妈们千万别强求。行走是婴儿大运动能力发展的一个重要过程，从四肢着地到双脚直立行走，是一个飞跃，爬行是从不会走到会走的过渡，我们必须重视婴儿的爬行，爬行不仅对学习行走有帮助，而且对身体协调能力也有重要意义。如果婴儿学爬期得不到爬行锻炼，而在学站的阶段又未能独自站立，那么走路可能就不会提前。站立行走需要一定的腿部力量做保证，所以当宝宝可以自由爬行，离开支撑物能够独立地蹲下、站起来，并能保持身体平衡时，就到了宝宝学走路的最佳时机。

过早过多使用学步车的弊端

(1)限制自主运动的锻炼：因为学步是需要力气的，学步车将婴儿固定在其内，孩子可以借助车轮毫不费力地滑行，缺乏真正的自主锻炼，所以婴儿失去了大运动（包括爬行、站立、弯腰、行走等）锻炼的机会。大运动可以加强孩子身体各部位运动的协调性。

(2)导致骨骼发育畸形、姿势异常：因为婴儿的骨骼中含胶质多、钙质少，骨骼柔软，而学步车的滑动速度过快，所以宝宝不得不两腿蹬地用力向前走，时间长了，容易使腿部骨骼变弯形成罗圈腿。再者因学步车坐垫过高，孩子的脚不能完全着地，所以只能用脚尖触地滑行。久而久之，宝宝就会形成前脚掌触地的踮脚走路姿势。

(3)影响探索和学习能力：如果宝宝每天长时间在学步车里，就限制了他爬行、与人接触的时间。婴儿是通过接触、抓握、敲敲打打、扔等学习认识物体并促进智能发育。

综上所述，虽然学步车是婴儿最常用的学走路辅助工具，但根据婴儿的发育特点，建议父母掌握时机，最好在孩子10个月以上时使用，而且每次时间不宜过长。学步车的高度须适合宝宝的身高，不宜过高或过低，孩子使用学步车时应在大人们的视线范围内，以免意外伤害发生。

第五节
社交教育

儿童心理问题的 7 个信号

世界卫生组织提出的"健康"定义是："健康是整个身体、精神和社会生活的完好状态，而不仅仅是没有疾病或不虚弱。"也就是说，如果精神和社会生活状态不够好，也是不健康的。

孩子的一些问题

对孩子来说，下面这些问题也属于健康问题：不好好吃饭；不能独立睡觉；不愿和他人交往；不懂礼貌，不服从纪律；经常打架，爱发脾气，经常有攻击行为；过分胆怯或焦虑；多动，学习困难；有不良习惯；等等。

这些问题不仅是家长的困惑，也越来越受到老师和医生的关注。

儿童心理行为问题不容忽视

近年来，随着生活节奏的加快和社会竞争的日趋激烈，社会上的育儿理念显得有些滞后了，表现为只重视身体健康、智力发展，而忽视早期良好心理和行为的培养，全国 4~16 岁孩子心理问题发生率高达 13.97%，社会适应问题的检出率为 23.46%。儿童的疾病谱发生了明显的变化，据全国各地调查，儿童行为偏离的发生率达到 10%~20%，明显心理障碍性疾病的发生率为 3%~5%。

中山市博爱医院儿童保健科于 2010 年对中山市 11 个镇区各级幼儿园

66 间共 12 804 名儿童进行了心理行为情况筛查（康氏儿童行为量表），结果显示：阳性率为 14.1%（主要表现为多动、注意力不集中），其相关影响因素涉及性别、年龄、住址、父母文化程度、家庭管教方式、父母关系、父母与孩子相处时间、家庭收入、家居面积、母亲孕期情绪、营养、新生儿期患病等等。

儿童有其心理年龄特征

儿童在不同年龄段有不同的心理表现，由此表现出的占主导地位的、典型的、本质的特征，为儿童心理年龄特征。

儿童行为发育即心理发育，是儿童心理从不成熟到成熟的过程，包括动作、言语、认知、人格和社会适应性等方面，而这些方面相互影响、相互促成，同时又受不同年龄生理发展水平和社会生活环境的影响及制约。多数儿童在发育的某阶段会经历某种心理、行为方面的暂时性适应不良。

重视儿童心理行为筛查

一个人的心理失调或异常，其根源大多在幼儿期，因此，心理卫生保健应从儿童抓起，早发现、早诊断、早治疗，其意义重大，能起到事半功倍的效果。儿童心理行为筛查是儿童保健的内容之一，家长应重视定期的儿童保健，进行儿童健康管理。如发现孩子难养育或不符合年龄的异常表现，最好找儿童心理专科医生进一步诊治。

常见儿童异常心理行为表现识别要点

类别	识别表现
语言发育落后	＞1.5 岁不会说话,说话慢等;发音不清
怀疑孤独症	语言障碍,社交障碍,刻板行为
怀疑学习困难	学习成绩差,教不会
怀疑情绪问题	易发脾气,有敌对情绪,叛逆,人际关系不良,不与父母沟通等
怀疑多动症	多动,好动,注意力不集中
怀疑抽动症	不自主地挤眉弄眼,眨眼,歪嘴,耸鼻子,摇头,耸肩
发育落后	语言、运动、社交、认知等落后,伴或不伴身高体重落后

151

如何让宝宝告别认生,成为"社交小达人"

门诊见闻: 妈妈抱着菁菁走进诊室时,她带着笑脸睁着明亮的眼睛,看起来是个可爱漂亮的小宝宝,结果一放在检查床上就大声地哭个不停,以致整个儿童保健科都可以听到,她四肢扭动,简直让我们无法检查,妈妈无奈之下抱起她,哭声马上停止,但眼泪还挂在眼角上。

菁菁快6个月了,妈妈准备去上班,所以带她来做一次保健,菁菁认生、对陌生人反应强烈正是妈妈最苦恼的一件事。

这种情况在诊室里经常见到,但同样大的孩子也有部分很配合,时不时还给你笑一笑,这就是宝宝社交能力的差距,如何帮助宝宝发展社交能力呢?

婴儿天生就有社交能力

年轻的爸爸妈妈们可曾注意,宝宝从生下来第一天起,就会睁着明亮的眼睛注视着你,身体贴近着你,这就是想跟你交流的意思。新生儿生下来就会看、会听,有嗅觉、味觉、触觉、活动能力和模仿能力,这些能力使其可以与大人交流。如果爸爸妈妈们在新生儿期能敏感地理解新生儿的表示,比如哭、各种表情和眼神等,并给予积极的回应,就可以促进新生儿交流能力的发展。

建立宝宝与人相处的信任感

随着宝宝的发育,他逐渐会以叽叽咕咕叫、咯咯笑、说话、挥舞小手等不同的方式与人交流,大人们不要忽视他的存在,要关注宝宝的感情和兴趣,友善地、愉快地回应他,逐渐建立起宝宝与人相处的信任感。

耐心地尝试、慢慢地接触陌生人

研究证明，3个月的婴儿见到成人的面孔，在脑中能形成清晰的影像。5~6个月时，随着对面孔辨认的细致程度增加，婴儿会对陌生人表现出警觉和回避反应，对每天陪伴他、抚育他的妈妈更加偏爱，就是说会认人了，这是婴儿社会性的重大发展，也代表着宝宝感知、辨别和记忆力的提高。年轻的爸爸妈妈们要考虑到宝宝的生理特点，既不能强迫他跟生人接触，更不能让他回避生人。可以先接触家里人或经常在一起的亲朋好友，然后逐渐接触更复杂的情景、更多的人，逐渐扩大他的社交圈，想让宝宝完全摆脱怕生、接受所有陌生人需要一个很长的过程。

宝宝第一年发展的主要社交能力

1个月：可以分辨出物体和人，喜欢看正常人的面孔，当你看着他笑时，他能够盯住你的脸看。

2个月：微笑性质发生变化，从自发性微笑转变成社会性微笑，即有人对他笑时他会回应一个微笑。

3个月：对妈妈开始有"偏爱"，更加喜欢人们接近、俯视他，他会报以微笑和快乐动作，跟他说话时他有时会发出声音，这是他开始掌握谈话技能的标志。

4个月：对周围的事物开始产生兴趣，开始自言自语，咿呀不停，对成人的话有反应，被人逗引时能笑出声音。

5个月：开始认人，能认识妈妈，知道认生，不喜欢生人抱，对周围的人持选择态度，能听懂责备与赞扬的话，能发出喃喃单音节。

6个月：会发出不同声音，表示不同反应，会对陌生人表现出惊奇、不快，并把身体转向亲人。

7~8个月：能模仿成人用摇手表示再见，能辨别成人不同的态度、脸色和声音，并做出不同的反应。

9~10个月：懂得一些词，能建立言语与动作的联系，会用拍手表示"欢迎"，用摆手表示"再见"。

11~12个月：会指认室内很多东西，会按成人说的话拿东西，有些孩子会有意识地叫爸爸、妈妈等。

153

第六节
语言发育

口齿不清：盲目剪舌系带，伤身又伤心

门诊见闻：20世纪90年代，我刚来到广东中山，有一件事让我非常吃惊。几乎来就诊的当地新生婴儿家长都会问同样的问题：要不要剪"舌根"？什么时间剪"舌根"？舌根是当地的叫法，即舌系带。他们怕的是宝宝长大了发音不清，无形中宝宝42天内剪舌系带成了常规，有时可以见到排队等着剪舌系带的现象。刚开始我很茫然，为什么要这样？我试着说服几个家长，没有发现异常不需要剪的，但后来发现他们会去其他地方剪，好像不剪就不安似的，有家长告诉我：剪舌系带是一件简单的事，宝宝哭一下就好了，这样可以防止以后发音不清。十几年过去了，这些误区随着知识的普及、诊疗的规范逐渐减少了，但还是存在的，尤其是那些爷爷奶奶们还是比较关注这个问题。

舌系带有其生理年龄特点：舌系带为舌下区黏膜中线形成的连接舌下与齿槽的一条黏膜系带。正常情况下，新生婴儿的舌系带是延伸到舌尖或接近舌尖的，所以看起来似舌系带短缩。在舌的发育过程中，舌系带会逐渐向舌根部退缩，且随着年龄增大及牙齿

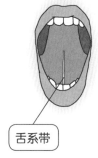

舌系带

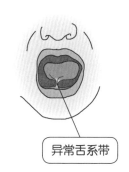

异常舌系带

154

的萌出，舌系带会逐渐松弛，前部的附着点也会逐渐相对下降，移位到口腔底部，舌系带短缩的现象就不存在了。

舌系带过短常表现出的症状：①舌头不能伸出口腔。②张口时舌尖不能上翘，不能舔到上齿龈或伸过上唇。③舌前伸时舌尖因被舌系带牵拉而出现凹陷，呈"W"形，正常人舌头伸出时舌尖呈"V"形。④吸吮和咀嚼障碍，是舌系带过短影响舌的运动造成的。⑤发音不清。

舌系带是否过短最好观察到 2 岁以后：正常儿童 2 岁以后舌尖才逐渐远离系带。只有少数发育不正常的儿童才出现舌系带过短。因此，婴幼儿舌系带是否过短最好观察到 2 岁以后。

盲目剪舌系带的不利影响：不必要的舌系带切割术，无论是生理上还是心理上，都没有任何好处。有的家长担心舌系带过

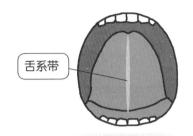

出生时，舌系带
连着舌头

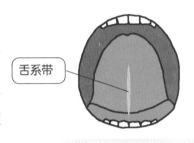

随着舌头的发育，舌系带往后缩，2岁左右远离舌尖，影响减弱

短会影响孩子的发音和说话，执意要让医生做手术。不必要的手术（2~6个月）会带来诸多不利影响：①易导致手术伤口的瘢痕形成，这样有的孩子必须做第二次手术。②因孩子多半不能很好地配合医生，所以稍有不慎就容易造成误伤，也容易合并感染。③强迫手术给孩子心理上带来的影响会更甚于身体上所受到的伤害。所以舌系带切割术并非一定要做。

正确诊断、选择手术时间是对儿童的保护。舌系带是不是过短，必须由正规口腔专科医师才能确诊。

那么，舌系带过短何时手术为宜呢？大多数专家认为最佳年龄是 4 周岁半到 5 周岁。其原因一是舌系带过短在这个年龄才能准确诊断。二是舌系带过短一般仅影响某些字的发音，而不是孩子发音不准的唯一原因。孩子的发音与听觉功能、语言环境、智能发育、发音程度等因素有关，对 4 岁以前的孩子，要预测将来他们是否有发音障碍是很困难的。三是 5 岁左右儿童具备一定的思维能力，能配合医务人员顺利完成手术。

155

给孩子一个干净的语言环境

> **门诊见闻：**一个妈妈对我说，很奇怪，她的宝宝才刚2岁，开口说话不久，有一天，他突然嘴里冒出来一句"你坏蛋"，在场的人都很吃惊。接下来的日子里，孩子还会说出"讨厌""懒蛋""滚开"之类的话，家人不明白为什么宝宝会说这些不好听的话，也不知道是谁教的，而有的话教了好久他也不会说。是的，"不经意"中孩子学会了很多。"不经意"只是父母的感受，实际上上面那些话是孩子从家人众多"不经意"的语言中观察学到的。

美国教育学家珍尼指出："宝宝降临时就像一张纯净的白纸，对这个世界的认知能力要经过学习才可以获得。宝宝最初是处于惊奇和陌生的状态之中，先观察周围人的一举一动，然后再去模仿他们的行为。因为宝宝尚未具备分析事物的能力，所以爸爸妈妈应当在宝宝面前注意自己的言行，为宝宝提供良好的模仿对象。"

0~3岁是儿童语言发展的敏感期，而其中1~2岁尤为重要，宝宝在这段时间内会对语言技能表现出强烈的兴趣和很强的学习能力，许多突破性的语言发展都发生在这一阶段。这个时期的宝宝非常注意观察说话者的动作和表情，他们接受语言的能力在这个时期达到高峰。好奇心和模仿欲是3岁内宝宝最明显的特征，但是宝宝没有自己分辨是非、善恶、美丑的能力，不能理解"脏话"的含义，脏话就和其他语言一样会成为宝宝的模仿对象。

养育一个健康的宝宝，给宝宝提供一个安全、充满爱的家庭氛围和干净的语言环境至关重要，从宝宝一出生开始就要把他当成一个"懂事"的孩子对待，在宝宝面前，父母一定要注意自己的语言表达和说话方式。以下三种方式不可取：

◆**出口"脏话""粗话"，宝宝会看样学样的**：本文开头的案例就是这样。一旦宝宝学到了脏话，家长要及时加以干预，告诉宝宝这是"骂人的话"，不要学。

◆**宝宝在场时，说别人的坏话**：由于小宝宝没有辨别是非的能力，所以父母总是说某些人的坏话，时间长了会影响宝宝对那些人的看法。

◆**当众批评宝宝，会伤宝宝的自尊心**：当发现宝宝有不好的表现或习惯时，父母一定不能在他人面前批评自己的宝宝，即使无他人在场，批评时也一定要讲究技巧。如果父母经常用一些否定的语言批评宝宝，无形中给宝宝贴上"我不是好宝宝的标签"，可能会激发他继续按照不好的方式去做的心理。

第七节
常见发育问题

宝宝出牙了，爸爸妈妈需要做些什么

人一生中有两副牙，即乳牙（共20个）和恒牙（共32个）。一般情况下，4~10个月是宝宝出牙时间，晚的也不超过12个月。最晚2.5岁之前出齐乳牙。

宝宝应该有的牙齿数可以简单推算：实际月龄减4~6，得出的数字就是乳牙的数目。

乳牙的使命

很多父母对乳牙存在认识上的误区，认为早晚都要被恒牙换掉，所以对乳牙的保护无关紧要。

殊不知，每一颗乳牙都有其神圣的使命，即为以后长出的恒牙留下空间。若乳牙发生龋坏或早期丧失，可使邻牙移位、恒牙萌出的间隙不足而导致排列不整齐。另外，如果丢失了乳牙，会使部分牙床裸露，易被硬物损伤，不仅疼痛而且还影响恒牙正常生长。

更重要的是，乳牙是宝宝在婴儿期、幼儿期、学龄前期和学龄期咀嚼食物的重要工具，有助于宝宝的消化和营养的吸收，对其生长发育可起到保障的作用。正常完整的乳牙也有助于宝宝学习正确的发音，美化外表，促进其心理健康发育。

出牙的烦恼

将要出牙和出牙头几天，父母都需要对宝宝特别关注以减轻出牙对宝宝带来的不适。

◆**准备磨牙棒或食物：**4个月左右的宝宝虽然牙未长出，但牙龈会发痒，几乎抓到什么就往嘴里塞，父母可准备一点磨牙饼干或磨牙棒，供宝宝磨牙用。

◆**每天注意观察宝宝的牙龈：**看是否有凸起、变白，有的话说明小牙快要出了。记住不要给宝宝咬硬物，以免蹭破牙龈上的黏膜，造成疼痛或发炎。

◆**给宝宝清洁牙齿：**小牙长出后，每次宝宝吃完东西，可再喂几口凉开水，以起到漱口和清洁牙齿的作用。如果吃黏性太大的食物，父母最好用纱布裹住食指，沾点盐水轻轻擦拭宝宝的小牙。

◆**给宝宝按摩牙龈：**宝宝会因为长牙疼痛而烦躁不安，父母可以轻轻为宝宝按摩牙龈，或者给他牙胶啃咬，以起到减轻疼痛的作用。

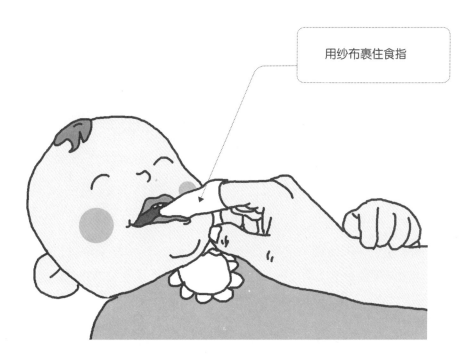

用纱布裹住食指

159

别因为"把尿"这事害了宝宝

经常会有家长询问，要不要给宝宝把尿。关于把尿，有人赞成，也有人反对，有的家长不知道该采纳哪一个观点。任何事情都不是绝对的，只要掌握一些符合宝宝发育的基本原则，关注宝宝的感受，就可以去探讨和尝试。

把尿是为了什么

把尿，可以少用一些纸尿裤，少洗一些尿布，可以让小宝宝们摆脱纸尿裤的束缚，远离尿布疹的困扰，为以后宝宝自行大小便奠定基础……

以上这些目的都有意义。但是如果想通过把尿，让你的宝宝很早就学会控制大小便，不尿裤子，那成功的概率不会很大。因为宝宝的生理发育特点是，1岁半到2岁之间膀胱才能发育得能憋住尿，才能明白自己需要上厕所时的身体感觉信号，并会提前告诉家长。

宝宝多大开始把尿合适

从把尿的姿势来讲，这个动作需要身体的支撑，所以建议半岁之前不要把尿，因为此时宝宝的上半身还不能支撑住身体，也不能很好地适应把尿的姿势。宝宝1岁以后，肌肉、神经已有了一定的发育，也能听懂大人的指示，把尿也可以停止了，可以开始训练坐便如厕，让他更主动地大小便。所以，把尿时间在6~12个月时比较合适。

把尿重要还是宝宝睡眠重要

有的家长，夜间发现宝宝翻个身或哼哼一下，就抱起来把尿，有时碰巧把尿成功，而有时不成功反而把宝宝弄醒了，打断了宝宝的睡眠。所以，夜里不要给宝宝把尿，有的宝宝会因为把尿而很难再睡着，从而影响宝宝的睡眠。

为了防止宝宝夜间尿床，建议妈妈们这样做：①在睡前把尿一下。②给宝宝穿上尿布。③在宝宝睡觉的地方下面铺上2~3张隔尿垫。④宝宝夜里尿了后，可以轻轻换下尿布，并抽出那张湿了的隔尿垫，这样就不会影响宝宝的睡眠。

把尿不要太频繁

每个妈妈都会细心观察宝宝，了解他的排便模式，比如什么时候排便、多久排便一次。宝宝总是会在某个特定时间排便，比如刚刚睡醒的时候，或在排便之前表现出某些特定的声音、动作或表情……

关注宝宝的这些信号，就不难掌握规律。千万不要为了怕尿床，就每隔十几分钟就把尿一次。

宝宝抗拒把尿时，随他自己的意愿

有的妈妈反映，宝宝之前一直配合把尿，但突然从某天开始就抗拒起来，妈妈一摆出把尿姿势他就反抗、打挺或哭闹，有时候，一放下就尿了。随着宝宝的长大，他的自我意识在不断增强，最好的办法就是随他自己的意愿，不要强迫给宝宝把尿。我们要知道：选择把尿是为了让宝宝体会有尿要排出的感觉，而不是强迫他一定要养成这种习惯。

宝宝经常夹腿，是不是有问题

小儿夹腿综合征，主要表现为通过夹腿摩擦会阴部。多见于女孩，表现为两腿并拢或交叉内收或利用桌子或椅子角摩擦外阴。摩擦时出现面红、眼神凝视及额头或全身出汗等现象。每次持续数分钟，发作次数不等，可一日数次，或数日发作一次。这种行为可以在几个月大的婴儿时就出现。

发现孩子出现夹腿习惯，大人不必焦虑紧张。因为这并不说明孩子心理或精神不健康，不必责骂和强行制止，否则会增加孩子对这种行为的进一步强化。

夹腿常见这些原因：

(1)外阴不适：如外阴湿疹、蛲虫病、尿布潮湿或裤子太紧等刺激引起外阴局部发痒，继而引起小儿夹腿摩擦。

(2)局部清洁护理不当：比如擦洗过频，家长对孩子腿部、会阴区的刺激过多；清洁时用手清洗，造成兴奋刺激等。

(3)家庭环境紧张，孩子缺乏母爱，感情上得不到满足，就可能通过自身刺激来寻求宣泄，从而产生夹腿动作。

给家长的建议：

(1)寻求医生帮助，检查孩子身体局部是否存在不良刺激因素，若患有蛲虫病、外阴湿疹等疾病时，应及时医治。

(2)勤换尿布，不要穿太紧的裤子。

(3)营造温暖的家庭环境，可以全家人一起参加户外活动或游戏。

(4)家长发现孩子夹腿动作正在发生时，不要恐吓、责骂和强行制止，可以通过孩子感兴趣的玩具转移其注意力。

多动症的孩子,行为有什么异常

多动症医学上又称注意缺陷多动障碍（ADHD），主要表现为多动、冲动和注意力不集中，但这些表现在正常儿童的发育进程中也可以存在，所以需要家长仔细观察，结合保健机构的儿童发育和行为筛查才能下结论。一旦诊断成立，需要配合医生进行干预和治疗。

多动症儿童表现特点：

(1)多动：经常在不合适的场合跑来跑去或爬上爬下。也就是说，其活动不分场合、无目的性，尤其在静止性游戏中表现明显。而且表现为与年龄不相称的多动，如躯体活动、手的活动以及语言过多。

(2)冲动: 对不愉快的刺激反应过度而且难以自控、不分场合、不顾后果。

(3)注意缺陷: 正常 5~6 岁的儿童有意注意可维持 10~15 分钟，7~10 岁时可维持 15~20 分钟。而多动症主要影响儿童的主动注意，患儿注意力集中时间短，对周围无关、有关刺激都有反应。

多动症原因至今不明，如果儿童被忽视、长期处于紧张状态则可能出现多动和冲动行为。预防多动症，主要是避免各种危险因素，为儿童创造温馨和谐的家庭生活学习环境。

一个孤独症患儿母亲的哭诉

出于一个儿科医生的责任感和使命感，我记录下这个真实的案例，希望能够告诉社会，告诉每一位家长、每一位成年人，要打破旧的育儿观念，走进儿童内心世界，在他们成长的道路上及时发现偏差、及早干预和纠正，让他们与大家同行，拥有快乐的人生。

在养育孩子的过程中，作为孩子的家人，到底应该做些什么？从这个孤独症患儿母亲的哭诉中，我们能得到一些启示吗？

门诊见闻：阿庆是个 11 岁的女孩，身高 1.4 米，体重 25 千克。突然站在你的眼前时，跟其他花季少女没什么两样，进一步跟她接触就会发现她眼光呆滞、没有表情，问而不答。妈妈在陈述病史中忍不住放声大哭，眼泪像雨点一样往下流，她说：医生啊，你可知道，为养育这个女儿，我们费尽心血，辛苦不说了，实在是无奈，孩子的爸爸成为女儿发泄的工具，女儿时不时会发脾气掐爸爸的胳膊，爸爸胳膊上的青斑没断过。

阿庆出生顺利，在妈妈的记忆里，小阿庆从小总是爱哭闹，家人认为她只是个难养的孩子，独生子女关门过日子，没有过多的想法，自己的孩子慢慢养，阿庆 2 岁时才会偶尔叫"爸爸、妈妈"，3~4 岁送进幼儿园，老师发现阿庆爱打人、从不讲话，即使这样也未引起家长的重视。孩子一天天在无语言、无交流中长大，在自己孤独的世界里生活着。像其他孩子一样，到了上学年龄阿庆又被父母送进学校，结果成绩总是全班倒数第一。在老师的建议下，父母才带孩子去医院就诊，确诊为孤独症。这些年父母不辞劳苦、四处奔波带孩子就医，虽然一直在治疗，但是没有明显效果。

此外，我印象深的还有 2 个孤独症患儿，他们都有相同的表现和共同的不幸：表现为没有表情、生活不能自理、脾气暴躁、智力低下。不幸的是孩子生下来不久家长虽然已经发现情况不好，但没有意识要及时带孩子就医，都是在 3.5 岁以后才确诊并进行治疗。

孤独症的主要表现

孤独症又称自闭症，是广泛性发育障碍。主要表现为：

社会交往障碍：对人的声音缺乏兴趣和反应，不愿与人贴近，喜欢独自玩耍，缺乏与他人的目光对视。

语言交流障碍：自闭症患儿语言发育落后，通常在两三岁时仍然不会说话；语言运用能力受损，语言缺乏交流性质，表现为无意义语言或自言自语、模仿语言或"鹦鹉语言"，不能正确运用"你我他"等人称代词。

重复刻板行为：对一般儿童所喜爱的玩具和游戏缺乏兴趣。但是却会对某些特别的物件或活动表现出超乎寻常的兴趣，并表现出重复刻板行为，例如转圈、玩弄开关、来回奔走、排列玩具和积木等。

智力异常：一般认为 70% 左右的自闭症儿童智力落后，20% 左右智力在正常范围，约 10% 智力超常。这些智力超常的自闭症儿童可以在某些方面表现出较强能力，主要在音乐和记忆力方面，尤其是在机械记忆数字、路线、车牌、年代等方面。

其他：部分患儿多动和注意力分散行为明显，常被误诊为儿童多动症。此外发脾气、攻击、自伤等行为也较常见。

早识别、早诊断、早干预，越早效果越好

孤独症的早期筛查和早期干预极其重要，它将直接影响患儿预后的好坏。一般认为，治疗年龄越小效果越好，2~6 岁是干预的关键时期。一般孤独症患儿在 1 岁左右就会有明显不同于其他孩子的表现，无论是家长还是医务人员，如果注意到，就能筛查出有孤独症倾向的孩子。

孤独症干预时间至关重要，但通常情况下，由于父母缺乏有关婴幼儿心理和行为发育程序的知识，再加上平时观察不密切，不能及时发现孩子的异常情况，所以往往会失去最佳干预时机。据统计，中国孤独症患儿平均诊断时间要比国际先进水平推迟 6 个月左右，这也在客观上造成了疾病的严重程度加重。本文提到的几个病例也涉及父母存在的育儿误区，这给

我们很大的启示，普及科学育儿知识，提高家长及看护人员的育儿能力需要大家的共同努力。

提醒家长：

(1)要重视儿童健康管理，定期到专业医疗机构进行儿童保健评估和指导，及时发现偏差，及时干预，改变有病才就医的想法。

(2)发现以下情况要及时就诊：孩子 2 岁了仍不能发"爸爸、妈妈"等叠音；孩子 10 个月时叫名字没反应（除外听力障碍），无目光交流及追随；出现退化现象，即原先有的功能突然很快消失，尤其是语言退化，其次是主动大小便的功能退化。

希望有更多的人认识孤独症，接受科学育儿理念，关爱儿童身心成长，帮助问题儿童。

孤独症行为测评，家长必须了解

孤独症孩子黯然的眼神和他们家长无助的眼神，总是萦绕在我的脑海，我也在思考，我们能帮到他们什么？为什么有的孩子没有早期发现、早期诊断、早期干预？

从这些孩子的资料中可以看出，他们的父母有农民、教师、商人，也有工程师，但半数的父母在自己的孩子诊断为孤独症以前不知道有这种病，其中有的孩子到 3 岁还不会说话才去看医生，有的孩子上学后才发现不合群、不与人交流。此时即便家长带着孩子到处求医，希望孩子能正常地上学、生活，但为时已晚，随着孩子一天天长大，他们也一天天变老，孩子的状况基本不见好转，希望越来越渺茫。

孤独症的危害不容忽视

据报道，在美国等西方国家，每 110 个儿童中就有一个患有孤独症，美国每年用于孤独症方面的医药费用达 50 亿美元，远远超过智能低下、哮喘等疾病负担。孤独症患儿大多智力发育落后或不均衡、有语言交流障碍、语言发育落后、有社会交流障碍、行为刻板重复、多动、注意力分散、爱发脾气、有攻击和自伤行为等。

孤独症应早发现、早干预。孤独症可能是由生理因素形成的，如神经机能发展障碍、遗传因素或脑部受损等。虽然孤独症治愈非常困难，但早期识别、筛查，可以提早开始行为疗法、认知教学、感觉统合训练、语言沟通训练等，可提高患儿社会技能，减轻孤独症带来的影响。最佳的筛查和干预时间在 1 岁半至 4 岁左右。一般 4 个月的婴儿就具有社交表情，8~9 个月时应开始无意识地发出语音语调，1 岁多时开始学习讲话，如果没有适时表现出这些能力，并伴有刻板性的行为动作，特别是不与他人进行对视等目光交流，则需要警惕孤独症的可能。

167

孤独症行为评测

家长可使用孤独症行为评定量表进行判断：

孤独症行为评定量表（autism behavior checklist，ABC）是由Krug（19/8年）编制的，表中共列出孤独症儿童的行为症状表现57项，填表时对每项选择进行是与否的回答，对于"是"的回答，按各项负荷分别给予1、2、3、4的评分。筛查界限分为53分，而诊断分为67分以上，本表由家长或抚养人使用。

孤独症行为评定 ABC 量表

序号	项目	分值
1	喜欢长时间的自身旋转	4
2	能学会做一件简单的事情,但很快就忘记	2
3	经常没有接触环境或进行交往的要求	4
4	往往不能接受简单的指令(如坐下、过来等)	1
5	不会玩玩具(如没完没了地转动、乱扔、搔等)	2
6	视觉辨别能力差(如对一种物体的特征,包括大小、颜色、位置等的辨别能力差)	2
7	无交往性微笑(不会与人点头、招呼、微笑)	2
8	代词运用颠倒或混乱(你、我分不清)	3
9	总是长时间地拿着某种东西	3
10	似乎不在听人说话,以至于有人怀疑他有听力问题	3
11	说话不合音调,无节奏	4
12	长时间摇摆身体	4
13	要去拿什么东西,但又不是身体所能达到的地方(即对自身与物体的距离估计不足)	2
14	会对环境和日常生活规律的改变产生强烈反应	3
15	当与其他人在一起时,呼唤他的名字没有反应	2

（续上表）

序号	项目	分值
16	经常做出前冲、旋转脚尖行走、手指轻掐轻弹等动作	4
17	对其他人的面部表情没有反应	3
18	说话时很少用"是"或"我"等词	2
19	有某一方面的特殊能力，似乎与智力低下不相符合	4
20	不能执行简单的含有介词语句的指令（如把球放在盒子上或放在盒子里）	1
21	有时对很大的声音不产生吃惊的反应（可能让人想到他有听力问题）	3
22	经常拍打手	4
23	发大脾气或经常发点脾气	3
24	主动回避与别人的眼光接触	4
25	拒绝别人的接触或拥抱	4
26	有时对很痛苦的刺激如摔伤、割破或注射不引起反应	3
27	身体表现得很僵硬，很难拥抱	3
28	当抱着他时，能感到他肌肉松弛（即使他不紧贴着抱他的人）	2
29	以姿势、手势表示渴望得到的东西（而不倾向于用语言表示）	2
30	常用脚尖走路	2
31	用咬人、撞人、踢人等行为伤害他人	2
32	不断地重复短句	3
33	游戏时不模仿其他儿童	3
34	当阳光直接照射眼睛时常常不眨眼	1
35	以撞头、咬手等行为自伤	2
36	想要什么东西不能等待（想要什么就马上要得到）	2
37	不能指出 5 个以上的物体的名称	1

（续上表）

序号	项目	分值
38	不能发展任何友谊(不会和小朋友来往、交朋友)	4
39	有许多声音的时候常常捂着耳朵	4
40	经常旋转碰撞物体	4
41	在训练大小便方面有困难(不会控制大小便)	1
42	一天只能提出 5 个以内的要求	2
43	经常受到惊吓或非常焦虑不安	3
44	在正常光线下斜眼、闭眼、皱眉	3
45	不是经常被帮助的话,不会自己给自己穿衣服	1
46	一遍遍重复一些声音或词	3
47	瞪着眼看人,好像要看穿似的	4
48	重复别人的问话或回答	4
49	经常不能意识到所处的环境,并且可能对危险的环境不在意	2
50	特别喜欢摆弄、着迷于单调的东西或游戏、活动等(如来回地走或跑,没完没了地蹦、跳、拍、敲)	4
51	对周围的东西喜欢嗅、摸或尝	3
52	对生人常无视反应(对来人不看)	3
53	纠缠在一些复杂的仪式行为上,就像在魔圈里(如走路一定要走固定的路线;饭前或是睡前一定要做什么动作,否则就不睡不吃)	4
54	经常毁坏东西(如玩具、家里的一切用具很快就弄坏了)	2
55	在 2 岁以前就发现该儿童发育延迟	1
56	在日常生活中至少用 15 个但又不超过 30 个短语进行交往(注:不到 15 句打"√")	3
57	长时间凝视一个地方(呆呆地看一处)	4

发热是孩子最常见的症状之一，家长对此往往特别紧张。容易引起发热的常见疾病有哪些？宝宝发烧后该如何正确处理？哪些发热可能会造成严重后果？对此，每一位家长都要好好了解一下。

第五章
宝宝的发热

第一节
发热的常见问题

你会正确判断孩子是否发热吗

发热是身体有潜在感染或发炎而引起的一种临床症状，是人体对感染的一种防御反应，原因可轻可重。一般情况下，腋温高于 37.5℃，肛温大于 37.8℃，口温高于 37.2℃界定为发热。37.5~38℃为低热，38.1~39℃为中度发热，39~40.4℃为高热，40.5℃以上为超高热。

体温测量及监测

在判断宝宝发热与否时，妈妈千万不能以手或额头去"感觉"，必须通过测量体温的工具去测量。一般测量身体温度时可以测口温、耳温、腋温、肛温等四种温度。小儿测量一般采用腋温或耳温，因为这两种温度测量起来方便、安全、卫生。腋温使用温度计，耳温使用耳温枪。

在宝宝安静状态下，才能测得正确的体温。因

为小儿跑跳、刚喝完热水、过度哭闹会使体温上升，而吃冷饮、洗澡后会使体温下降，如遇到上述情况需在之后 15~20 分钟再测体温。

对于发热的小儿，应每 2~4 小时测量一次体温，吃退烧药或物理降温 30 分钟以后应测量一次体温，以观察小儿热度变化。

小儿发热常见原因

小儿患病期间的体温处在不断变化中，体温的变化除了受环境温度、衣服的厚薄以及药物的影响外，主要还受到原发疾病的影响。常见的引起小儿发热的原因有呼吸道感染（包括上呼吸道感染、支气管炎、肺炎）、肠炎、泌尿道感染等，打预防针之后也可引起发热。

◆**感冒，也就是上呼吸道感染**：是婴幼儿发热最常见的原因，细菌和病毒感染都有可能。该病症状不一，可以出现发热、食欲下降、肠胃不适、拉肚子等问题。经对症治疗，加上多休息与多喝水，通常 3~5 天就可以痊愈。但若照顾不当或治疗不及时，可并发中耳炎、脑炎、脑膜炎等，就会有高热的危险。

◆**肠胃炎**：分为细菌感染和病毒感染两种。症状表现为呕吐、拉肚子、食欲下降、精神不佳、发热 38.5℃以上，容易合并脱水，需要住院治疗，状况轻微的 3 天可以痊愈，但通常要 1 周左右。

◆**打预防针后发热**：因打疫苗而有轻微发热的宝宝很多。可引起较明显发热的通常是"白喉、百日咳、破伤风"疫苗。一般发热后需要观察 72 小时，如超过 72 小时仍然发热就不是疫苗引起的了，家长需要寻求医生的帮助。

关注发热之外的症状

对于精神状态良好的婴儿，38.5℃以下的发热不必紧急退热，可严密观察体温变化的趋势。对于精神状态差、皮肤出现皮疹或伴有呕吐、腹泻的患儿，应及时到医院就诊，确定诊断，接受合理的治疗，切勿以退热作为治疗疾病的主要手段。

173

宝宝发热莫紧张,处理得当是关键

门诊见闻: 从事儿科临床工作以来,我经常会看到这样一幕:宝宝一发烧,全家人顿时慌了手脚。有的把退烧药、抗生素、冰袋一起上;有的把孩子裹上衣服、被子,全家老少和孩子一起往医院跑,路上孩子还可能出现高热抽筋;还有的看了医生,孩子退热后再起,为了能把体温降到正常,一天能跑几次医院甚至几家医院,非要把孩子体温降下来才安心,医生无奈之下,每次都要开一些退烧药,难免造成过多用药。殊不知,家长的这种态度和处理方式,伤害最大的是他们的宝宝。

宝宝为什么会发热

导致宝宝发热的原因,大多是呼吸道或消化道方面的问题。从医学上来讲,发热主要是外来微生物侵入人体后身体的一种反应,当有害的病原体侵入人体时,人体免疫系统马上起反应。病原体会在人体内产生一种毒素即热源素,刺激体温调节中枢,这样人体就会发热了。所以提醒家长,宝宝发热不要过于紧张,这是宝宝的免疫力正在和病原体作斗争呢!给宝宝带来的并不全是负面影响,从某种程度上来讲是免疫力提升的一个过程。

降温的原则及方法

降温并不是说将体温降到基础体温,而是降到38.5℃以下就可以了,否则会破坏宝宝免疫系统对病原体的抵抗力。

物理降温: 最常见的是给宝宝洗温水浴,目的是增加散热。可让宝宝在浴盆里泡10分钟,水温保持在40℃左右,不能低于发热时的体温。另外,多喝水,增加小便,按时排大便,可以加速病原体在体内的代谢。

药物降温: 当宝宝体温超过38.5℃时,可以用药物降温,目的是防止出现高热惊厥等危险,选用哪种药及用多少量要遵医嘱。

37℃左右的湿毛巾

40℃左右的水温

175

宝宝发热，家庭处理常见五误区

发热是孩子最常见的一个症状，如何科学地予以养护，对于疾病的康复非常关键。通常发热要经过三个阶段，即发冷、发热、发汗：发冷时，应添加衣物等以适当保暖，同时喂些温开水；发热时，该减除衣物，并采用温水拭浴的方法进行物理降温或服用退烧药降温；发汗时，应及时擦干汗液，穿一些比较宽松透气的衣服，以利排汗。遗憾的是，不少父母存在以下误区，从而给孩子带来了本可以避免的问题。

误区1：急于用药

有的妈妈一旦发现宝宝发热，就赶紧用退烧药甚至抗生素。这样做不合理。发热不是一种病，它是提醒你身体内部出现了异常情况，如果体温没超过38.5℃，就不要急于用药，否则会掩盖真正病因。

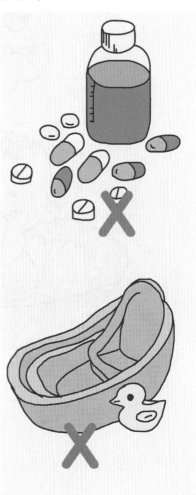

误区2：用冷水擦浴或沐浴

不少家长认为宝宝发热，浑身发烫，用冷水擦浴或沐浴能很快降温。这是错误的做法。因为冷水会引起毛细血管快速收缩，不但起不到散热效果，还有可能造成体表温度下降的假象，而实际体温继续升高，则可能导致发生高热惊厥。

误区3：用酒精擦浴

酒精擦浴是一种物理降温的方法，但不适合宝宝，因为它会造成宝宝皮肤血管快速舒张及收缩，对宝宝刺激大。

另外，大量使用还有可能造成宝宝酒精中毒。

误区4：多穿衣服或被褥"捂汗"

小婴儿的体温调节中枢、汗腺发育还不完善，用"捂汗"的方法不但不能使体温下降，还会使体温骤升，导致高热惊厥的发生，甚至可能危及宝宝的生命安全。而且大量出汗后，如果不能及时补充水分，还会造成宝宝脱水。

误区5：只注重退烧而忽视其他症状

很多家长认为宝宝体温越高病情越重，恨不得一下子把体温降下来，因此把心思几乎全放在退烧上，而忽视其他症状，这样可能导致严重后果。其实，其他症状可能比发热更能反映宝宝的健康状况。所以，建议家长除了关注体温外，更要关注宝宝的其他症状，一旦发现异常应该及时就医。

特别提醒：孩子发热时，家长更应观察他的脸色、神态和行动。比如一个体温为38℃却脸色灰白、安静得有点反常的孩子，也许比一个体温为39.5℃但仍能满屋子乱窜乱闹的孩子病得重。

引起宝宝发热的常见疾病

幼儿急疹

宝宝到了 6 个月之后，从母体带来的抗体逐渐减少，加之自体的免疫系统又没发育成熟，所以这时宝宝就容易生病。在儿科门诊，几乎每天都能碰到幼儿急疹病例，在我的从医经历中，几乎每一个亲戚朋友的宝宝都得过幼儿急疹，可以说，幼儿急疹是婴幼儿时期非常常见的一种疾病。

幼儿急疹：也称婴儿玫瑰疹、假麻疹，是由病毒引起的急性发疹性传染病，目前还不能确定它由哪种病毒引起。引起幼儿急疹的病毒全年都可以出现，尤其是春天、夏天这种传染病容易出现的季节。

典型表现：①突然发热，甚至高热。体温可达 39℃以上，同时会出现轻微的咳嗽、流鼻涕或恶心、呕吐等消化道感染的症状，高热多数可持续 3 天，白天轻晚上重，宝宝虽然发热但精神状况好。②烧退疹出。这是最典型的特点。高烧自然退后，宝宝的皮肤上会出现红色、较密集的玫瑰色疹点，多见于躯干、腰、臀部，面部及肘、膝关节部少见，出疹 1~2 天后可自行消退，妈妈不必担心，如果宝宝烧退疹出，也说明病快好了。③疹子不痛不痒不留瘢痕。宝宝在出疹子时不会觉得不舒服，而且这些疹子没有色素沉着，也不会脱屑、脱皮，所以不痛不痒也不留瘢痕。出疹期间，宝宝的活动和饮食都可以照常进行。

什么情况需去医院：幼儿急疹是自限性疾病，多数情况不需要去医院，在家护理就可以了。但因

为妈妈看到宝宝发热会比较紧张，而且刚开始发病时也不能确定就是幼儿急疹，所以多数家长都会带孩子去医院。到了医院看病，因为有发热，所以如果医生不开药，有的家长就无法理解，又因为发热需持续几天，所以家长往往耐不住多次到医院就诊，难免会造成过度治疗。宝宝发热时，爸爸妈妈最好能冷静处理，别急着去医院，这样可以减少医院内交叉感染，同时爸爸妈妈要做好家庭处理，多喝水，如果宝宝体温达到 38.5℃时，可用退烧药。如果宝宝发热超过三天，或边发热边出疹，或精神状况不好，或出现超高热，则建议带宝宝去医院。

手足口病

手足口病是婴幼儿期一种常见的、多发的传染性疾病，近几年成为每年都要重点防治的疾病之一。医院除了开设手足口病专科门诊之外，还注重宣传预防手足口病的知识及健康教育。手足口病容易发生在 10 岁以下的宝宝身上，但主要侵犯 4 岁以下的婴幼儿，据资料显示，4 岁以下婴幼儿的发病率可高达 14%~32%。

手足口病由柯萨奇病毒 A 组和肠道病毒 71 型引起，患者和隐性感染

179

者为主要传染源。传播途径主要为粪—口传播或呼吸道飞沫传播，也可因直接接触患者皮肤、黏膜疱疹液而感染。宝宝常通过接触被污染的手、毛巾、漱口杯、玩具、食具、奶具、床上用品、内衣等而被感染。

手足口病的潜伏期一般为 3~7 天，一般症状比较轻，绝大多数情况下 7~10 天可以自愈。

一般病例起病急，有发热，体温为 38℃左右，发热 1~2 天后出现丘疹或疱疹，好发于手、足、口、臀四个部位。口腔黏膜丘疹出现比较早，起初为粟米样斑丘疹或水疱，周围有红晕，主要位于舌及两颊部，唇齿侧也常发生，由于口腔溃疡疼痛，因此患儿流涎拒食、哭闹。手足皮疹具有不痛、不痒、不结痂、不结疤的"四不"特点。手、足、口皮疹在同一患者身上不一定全部出现，水疱和皮疹通常在 1 周内消退。

少数重症患儿可并发脑炎、心肌炎、肺炎等，出现精神差、嗜睡、头痛、呕吐、肢体抽动、无力、昏迷、呼吸困难、心律改变等。

一般病例如果单纯出现手足皮疹，不需特殊用药。对于发热小儿，可对症使用退热药。有口腔溃疡疼痛的小儿，要注意口腔卫生，食物以流质或半流质为主。疑似重症患儿，应及时到医院就诊。

对于手足口病患儿，需要注意：①消毒隔离。一般需要隔离 2 周。患儿用过的物品，可用含氯的消毒液浸泡，不能浸泡的物品可放在日光下暴晒。②口腔护理。保持口腔卫生，饭前饭后用生理盐水漱口，不会漱口的患儿可用棉签蘸生理盐水轻轻清洁。③皮疹护理。保持皮肤清洁干燥，防止感染，对于破溃的疱疹可用 0.5% 的碘伏消毒。

如果患儿出现以下情况之一，需及时就诊：①年龄小于 3 岁；②持续高热不退；③手脚冰凉；④精神差、呕吐；⑤肢体抖动或无力、抽筋；⑥呼吸、心率明显增快。

流行季节，做好预防是关键：

(1)要勤洗手。饭前便后、外出回家后都要用洗手液洗手，做好个人卫生。

(2)注意饮食及食品卫生，不要喝生水、吃生冷食物。

(3)奶嘴、奶瓶使用前后都应充分清洗消毒。

(4)家长要尽量少让孩子到拥挤的公共场所，以减少被感染机会。

(5)手足口病常在婴幼儿聚集场所发生。因此，托幼机构、学校等单位要做好晨检，及时发现疑似患儿，及时隔离治疗。

第二节
发热的用药

退烧药到底该怎么吃

发热是宝宝最常见的症状之一，也是妈妈们比较着急焦虑的事情。美林退烧药因为是非处方药，所以成为有孩子家庭的常备药，由于其有不同的规格，因此使用时有家长会感到困惑，在我的育儿工作室里，也总是有妈妈询问这个问题，现梳理如下。

1.一般情况下，体温在 38.5℃ 以下，不建议用退烧药。

2.如果宝宝高热需要在家用退烧药，比较安全、有效的药物首选布洛芬，常见的制剂为美林退烧药。

3.非处方美林退烧药有 2 种规格，规格不同使用量就不同，家长们使用时一定要详细阅读说明书。

(1)美林布洛芬混悬液：规格 100 毫升、2 克，适用于 1~12 岁的儿童，用法为口服，具体用量见"美林布诺芬混悬液用量说明"。

(2)美林布洛芬混悬滴剂：规格 15 毫升、0.6 克，适用于 6 个月 ~3 岁的婴幼儿，用法为口服，具体用量见"美林布诺芬混悬滴剂用量说明"。

181

美林布洛芬混悬液用量说明

年龄	体重	一次用量	使用工具	备注
1~3 岁	10~15 千克	4 毫升		
4~6 岁	16~21 千克	5 毫升	专用量杯	需要时,可间隔 4~6 小时重复用药 1 次,24 小时不超过 4 次
7~9 岁	22~27 千克	8 毫升		
10~12 岁	28~32 千克	10 毫升		

美林布洛芬混悬滴剂用量说明

年龄	体重	一次用量	使用工具	备注
6 个月以内		遵医嘱		
6~11 个月	5.5~8.0 千克	1.25 毫升(1 滴管)	专用滴管	需要时,可间隔 6~8 小时重复用药 1 次,24 小时不超过 4 次
12~23 个月	8.1~12.0 千克	1.875 毫升(1.5 滴管)		
2~3 岁	12.1~15.9 千克	2.5 毫升(2 滴管)		

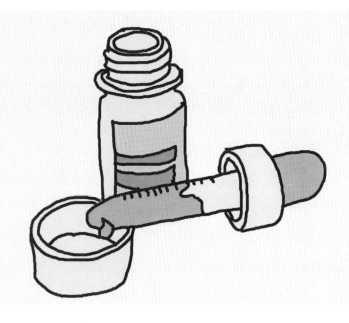

宝宝发热了，你真的会用药吗

秋冬季节，感冒发热的孩子比较多，在儿科门诊就诊等待区，一眼望去，有不少宝宝额头上贴着"退热贴"，这些都是家长发现宝宝发热后先做的处理。家长最紧张孩子发热，几乎一半的家长发现孩子发热的第一反应就是找药吃，无论是感冒药或是退热药，吃上药就觉得心里踏实。

孩子一旦发热，家长慌乱中有时会出现重复用药，或把成人的退热药用于小儿。殊不知，给孩子用退热药一定要严格掌握指征和用药原则与方法。

《中国 0~5 岁儿童病因不明的发热诊断处理指南》指出：＜ 3 月龄的婴幼儿建议采用物理方法降温。儿童退热剂应用的体温标准是：3 个月以上儿童体温≥ 38.5℃和 / 或出现明显不适时。

退热的目的，是减轻孩子因发热引起的烦躁和不适感，并减轻家长对儿童发热产生的紧张或恐惧情绪。儿童退热药按照主要成分可分为两大类：对乙酰氨基酚和布洛芬。一般退热药可间隔 4~6 小时服用一次，但布洛芬混悬滴剂需间隔 6~8 小时服用 1 次。

◆**儿童常用退热药**：①美林，主要成分布洛芬。②泰诺林，主要成分对乙酰氨基酚。③退热栓，外用药物，主要成分对乙酰氨基酚。④幼儿感冒滴剂，主要成分对乙酰氨基酚。⑤锌布颗粒，主要成分布洛芬。

◆**需要强调的是**：发现孩子发热一定要测量体温，用药前仔细阅读药物说明书，严格根据年龄、体重使用相应剂量，以确保孩子的用药安全。

宝宝感冒发热，用不用抗生素

抗生素，小儿常用的家庭备用药，比如阿莫西林、头孢类或阿奇霉素等，中国人习惯称之为"消炎药"。宝宝一旦发热或咳嗽，家长就以为是发炎了，甚至在孩子还没有送到医院时，心急如焚的妈妈就已自行让孩子服用药物了。

长期以来，中国是世界上抗生素滥用情况最严重的国家之一。世界卫生组织（WHO）的统计数据表明，在中国，有 1/2 的儿童一旦出现咳嗽、流鼻涕等症状，父母首先想到的就是使用抗生素。就整个国家来说，有 50%的人生病时使用抗生素，事实上可能只有 25% 的患者是真正需要抗生素。而在西方发达国家，抗生素的平均使用率为 30%，其中美国是 20%、英国是 22%。

我国不良反应监测中心记录显示，药物不良反应 1/3 是由抗生素引起的，抗生素不良反应病例报告数占了所有中西药不良反应病例报告总数的近 50%，其数量和严重程度都排在各类药品之首。统计数据显示，我国 7 岁以下儿童因为不合理使用抗生素造成耳聋的数量多达 30 万人。在儿童药物性肾损害中，大约有 40% 的慢性肾功能衰竭由抗生素引起。

正确使用抗生素要从以下 4 点做起：①凡可用可不用的尽量不用。②能用低级的就不用高级的。③能用一种药就不联合用几种药。④能口服的就不要静脉注射。在这个基础上，家长还需要做到不自行胡乱在医药超市购买抗生素类药物，如果孩子出现感染尽量到医院查明原因，在医生的指导下用药。

感冒发热何时就诊？何时使用抗生素？抗生素所能抑制和杀死的主要是细菌，对于其他因素像病毒引起的感染，一般是不起作用的。儿童大多数发热是由感冒引起的，而 90% 以上的感冒是由病毒引起的。一般来讲，发热 3 天以内，伴随轻微咳嗽、流鼻涕等症状，如果宝宝精神状况好，就不需要就诊，多饮水、休息、物理降温等对症处理即可。

感冒发热需要就诊的情况：

(1)发热伴有精神萎靡，或呕吐、腹泻，或呼吸急促。

(2)发热超过 3 天，咳嗽剧烈、痰多。

(3)如果发热超过 1 周，即使宝宝精神状况好，也一定要就诊。

感冒发热需用抗生素的情况：

(1)化脓性扁桃体炎，扁桃体上可以见到黄色分泌物，提示细菌感染。

(2)发热持续不退，查血常规白细胞总数和中性粒细胞百分比明显增高，或外周血快速 C 反应蛋白（CRP）明显升高，均提示细菌感染。

需要提醒的是，一般情况下，发热 24 小时之内的血象常常不能反映真实情况，有少部分病毒感染会合并细菌感染，第一次血象正常，3 天后复查可能白细胞就会明显升高，这种情况也需要抗生素治疗。

抗生素的合理使用，涉及抗生素的种类、剂量、疗程和用法，需要在医生指导下选用，家长不要擅自使用。

儿童高热惊厥，究竟该如何处理

高热惊厥即热性惊厥，俗称抽风，一提起抽风，没有不紧张的家长，的确，抽风属于急危症。

门诊见闻：1 岁半的瑞瑞，因为发热 1 天，找医生看病，医生检查后诊断为 "上呼吸道感染"，当时测体温 38.3℃，孩子精神状况很好，处理意见为口服药治疗，继续回家观察。听到医生说没有大问题，家长也很高兴，轻松地取了药回家，没想到刚回到家门口，瑞瑞突然出现抽筋，双眼上翻，口吐白沫，呼之不应。突如其来的表现，令家长手足无措。家长一边抱着瑞瑞往医院跑，一边打电话给我，到了急诊科，瑞瑞抽搐已经停止，呈安静的睡觉状态，再测体温 39.4℃。我和值班医生进行了全面查体，初步考虑高热惊厥。瑞瑞的爸爸平静下来第一句话就问：医生用药有没有错误？为什么瑞瑞以前没有抽筋，而刚看完病就抽筋了？整个住院期间爸爸总是不能排解这些疑问。

瑞瑞一觉醒来时，已经办好住院手续，经过治疗，第二天瑞瑞的体温恢复正常，相关检查无异常，最后确诊为高热惊厥，观察 3 天就出院回家了。后来，家长在医生的指导下，遇到瑞瑞发热就及时处理，现在已经 4 岁的瑞瑞生长发育得很好，爸爸心中的疑问也早已解开了。

高热惊厥是儿科的一种常见病，根据统计，3%~4% 的儿童有高热惊厥史。高热惊厥多发生在 6 个月至 4 岁之间的孩子，这主要是因为婴幼儿的大脑发育还不完善，对刺激反应的抑制能力差，弱的刺激就可使大脑运动神经元异常放电引起惊厥。一般的感冒初期，孩子急性发热，体温达到 38.5℃以上就有可能发生高热惊厥。另外，高热惊厥有很明显的家族史，若父母儿时有过高热惊厥史，就要特别警惕。

如果宝宝在家中发生高热惊厥，家长不要惊慌失措，可以这样处理：

(1)立即使宝宝平卧，解开衣扣，把宝宝的脸转向一侧，如果口鼻有分泌物，立即清理干净，以保持呼吸道顺畅，防止窒息的发生。

(2)可以用软布或手帕包裹筷子放在上、下磨牙之间，防止咬伤舌头。

(3)用温热毛巾反复轻轻擦拭颈部、两侧腋下、肘窝、腹股沟等处，使之皮肤发红，以利散热。

(4)可以用手指按压患儿的人中、合谷、内关等穴位两三分钟以止惊，尽量少搬动患儿，减少不必要的刺激。

(5)待抽搐停止，立即送医院。一般情况下，小儿高热惊厥 3~5 分钟即能缓解，如果抽搐 5 分钟以上不缓解或短时间内反复发作必须立即送医院。

(6)送医院途中，注意将患儿口鼻暴露在外，伸直颈部保持呼吸道通畅。

疾病的发生、发展有一个过程，发热也是这样，刚开始低热，可以在短时间内骤升到高热。提醒家长，有高热惊厥史的宝宝，在患感冒或其他容易引起发热的疾病初期，要反复多次测量体温，一旦达到 38.5℃，甚至 38℃就应立即口服退烧药（一定在医生指导下），以防体温突升造成惊厥。

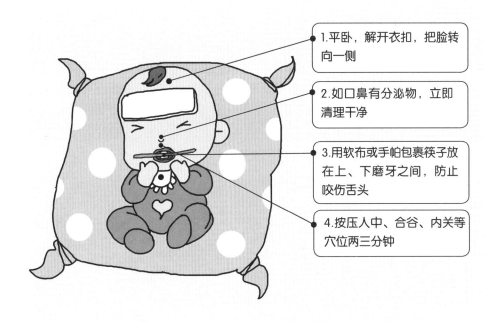

1.平卧，解开衣扣，把脸转向一侧

2.如口鼻有分泌物，立即清理干净

3.用软布或手帕包裹筷子放在上、下磨牙之间，防止咬伤舌头

4.按压人中、合谷、内关等穴位两三分钟

187

高热惊厥会发展为癫痫吗

家有高热惊厥患儿，总是让全家人担心，担心会不会影响大脑发育，会不会成为癫痫。高热惊厥的预后与其类型和危险因素有关。

根据发病年龄、发热程度、惊厥发作时间、惊厥发作形式等，可将高热惊厥分为单纯性高热惊厥和复杂性高热惊厥。

单纯性高热惊厥：①发病年龄在6个月至4岁之间，5岁以后少见。②惊厥大都发生在体温骤升达到38.5~39.5℃时。③发作表现为意识丧失，全身性对称性强直性阵发痉挛，伴双眼凝视、上翻。④持续数秒钟或数分钟，一般不超过15分钟，24小时内无复发，发作后意识很快恢复正常。⑤体温恢复正常后1~2周脑电图检查正常。⑥预后良好，对智力、学习、行为均无影响。

复杂性高热惊厥：①初发病的年龄多小于6个月或大于6岁。②低热时也可出现惊厥。③发作形式是部分发作或全身性发作。④惊厥持续的时间多在15分钟以上，在同一次疾病过程中（或在24小时内）惊厥发作1次以上，惊厥发作后可有暂时性异常神经系统体征。⑤体温恢复正常后1~2周脑电图仍可有异常。⑥预后较单纯性高热惊厥差，尤其伴有癫痫家族史的患儿或第一次高热惊厥前即有脑部器质性病变者，较易发展为癫痫。

虽然高热惊厥大部分预后良好，仅有极少部分患者可转变为癫痫，留有后遗症，但当高热惊厥患儿出现以下危险因素时，转变为癫痫的可能性增大：①为复杂性高热惊厥。②惊厥多次复发。③惊厥前有神经系统异常、发育异常、智力低下或围生期异常。④家族中有癫痫史或高热惊厥史。

每个宝宝都是父母的心头肉,他的每一次生病,都让父母牵肠挂肚、寝食难安。宝宝最常见的疾病往往集中在皮肤问题、呼吸道疾病和肠道疾病,父母该如何正确处理呢?

第六章
常见疾病
防治

第一节 皮肤问题

天冷了，如何呵护宝宝的皮肤

> **门诊见闻：** 天气变冷了，儿科门诊的小患儿也多了起来，每天可以见到不少来看湿疹、皮疹、唇炎的宝宝。
>
> 每年的秋冬季节，不知不觉中宝宝的皮肤会变得干燥、脱皮，甚至起皮疹、嘴周起红圈圈，爸爸妈妈们又开始担心了，甚至不敢带宝宝出门。每个父母都期望宝宝的皮肤回到以前光滑、细腻、稚嫩的样子。

秋冬季大多数皮肤问题，都跟皮肤干燥有关

皮肤是功能最全的"衣服"。皮肤具有保护、感觉、调节体温、吸收、分泌与排泄、呼吸、新陈代谢七大功能。皮肤中有大量的水分和脂肪，它们不仅可使皮肤丰满润泽，还能为整个机体活动提供部分能量，可以补充人体血液中的水分，调节人体多余的水。

3岁前宝宝的皮肤，无论在功能上或结构上都与成人有很大差别。宝宝的皮肤比成人的薄得多，仅有成人皮肤厚度的十分之一。且其皮肤中胶原纤维少，缺乏弹性，加上真皮结缔组织不成熟，因此对外界刺激的防御能力远不如成人，容易受到伤害。秋冬天干燥又多风，若不注意防护，宝宝的皮肤很容易失去屏障功能。任何一点刺激都有可能引起不适，如气候的变化、衣服厚度及材质的改变等，都会使宝宝的皮肤受伤。加上宝宝调

节汗腺的功能还没有完善，皮肤单位面积上出汗多，水分丢失快，所以皮肤就更容易干燥。

保护宝宝皮肤的要点

保护宝宝皮肤的关键是补水、防止失水和防止损伤。

(1)营养均衡是关键。皮肤的营养主要是从每天摄入的膳食中获得的。碳水化合物、脂肪、蛋白质、矿物质、水、维生素是人体维持生命所必需的，宝宝每天饮食做到营养均衡，才能达到健康肌肤的目的。

(2)秋冬季节，要注意多饮水、多吃蔬菜和水果。

(3)给宝宝擦洗时不要使用粗糙的毛巾，以免损伤皮肤。

(4)使用婴儿专用护肤品，以防止皮肤水分的丢失，尤其应在出门前提前半小时使用，以利于充分吸收。

(5)保持皮肤清洁。有些父母怕宝宝感冒就不洗澡，其实不然，洗澡不仅可以起到清洁皮肤的目的，也可促进血液循环和新陈代谢，增进食欲，提高睡眠质量。只要掌握了正确的洗澡方法，保证洗澡时室温和水温适宜，宝宝就不会容易感冒。建议宝宝每周洗澡 3~4 次。

如何选用宝宝的护肤品

正确选用护肤品，有助于保护宝宝的皮肤。

正确使用润肤品：给宝宝使用的护肤品，应该是那些不含香料和酒精、无刺激、能很好地保护皮肤水分平衡的润肤品。宝宝专用的润肤品一般有乳液（润肤露）、润肤霜和润肤油三种类型，润肤油会比润肤霜更油一些。相比之下，含天然滋润成分的乳液（润肤露）、润肤霜一般含有保湿因子，能有效滋润宝宝的皮肤；润肤油一般含有天然矿物油，能够预防干裂，滋润皮肤的效果更强一些。提醒一下，宝宝护肤品的牌子不宜经常更换，这样宝宝的皮肤便不需要对不同的护肤品反复适应。

正确使用清洁品：宝宝皮肤发育不完全，控制酸碱能力差，只是靠皮肤表面的一层酸性保护膜来保护皮肤，所以洗手洗脸不要用碱性清洁液等脱脂剂，可使用婴儿沐浴露系列或婴儿香皂等纯净温和的产品为宝宝沐浴。一旦宝宝皮肤出现干燥发红或皲裂，不要盲目乱涂擦药膏，而应清洁保湿，使用婴儿专用的洁面乳，用温水洗干净后马上擦干，涂上润肤霜。皲裂的手脚可浸泡在热水中 10~20 分钟，等皮肤泡软后擦干，涂上润肤油。

做好出门前的准备：天气寒冷时，保暖和保湿都很重要。一般情况下，妈妈们都很注意给宝宝穿上足够暖的衣服，而忽视裸露部位的保暖。出门前应给宝宝戴好手套、帽子，必要时戴上口罩，并在裸露部位涂抹婴儿润肤露或润肤霜，进行保湿。

重视进门后的护理：带宝宝外出回来后，一定要及时给宝宝的脸部和手脚等裸露在外的皮肤进行清洁，及时涂擦润肤露或润肤霜。

及时清洁护理嘴边关键区：宝宝常流口水，会把嘴周围皮肤弄得红红的，要替宝宝抹净面颊，再涂润肤油。刚吃完奶或食物之后，也要对嘴周进行彻底清洁。不要用粗糙的毛巾给宝宝擦脸。

嘴唇保湿防干裂：嘴唇属于黏膜组织，和皮肤相比，它的角质层相对较薄，皮脂腺也不如皮肤那么丰富，分泌的皮脂相对较少，所以，嘴唇比皮肤更加"娇气"，更加薄弱，也更容易受到损伤。父母除了每天给宝宝多补充水分外，可以每天用湿热的小毛巾轻轻地敷在宝宝的嘴唇上，让嘴唇充分吸收水分，然后涂抹婴儿专用的润唇油或香油。

帮"湿疹宝宝"找因排忧

门诊见闻：天气寒冷，专科门诊的湿疹宝宝又多了起来。

红红的脸蛋上，皮肤变得粗糙，分布着不同程度的皮疹，有的宝宝在爸爸或妈妈怀中不停地蹭着脸蛋，来缓解瘙痒的不适。大部分宝宝反复出疹，使用过很多办法，有的宝宝除了皮肤出疹，还伴有大便改变、睡眠不安等，爸爸妈妈们表达着无奈和苦恼。

婴儿湿疹与内外因素有关

婴儿湿疹是一种常见的过敏性皮肤炎症。病因复杂，与多种内外因素有关。

内因，常与食入的食物有关：①消化道摄入食物性变应原，比如牛奶蛋白、鱼、虾、鸡蛋等致敏因素，引起体内发生 I 型变态反应。②摄入营养不均衡，比如过高营养，造成肠内异常消化。

外因，常与接触过敏物品或气候有关：①接触易过敏物品，如丝织品、人造纤维、外用药物等。②气候因素，如寒冷、阳光、紫外线等。③护理不当，如使用较强的碱性肥皂。④机械性刺激，如溢乳或唾液的刺激。

增加婴儿过敏风险的因素

过敏有较强的遗传性，如果父母都没有过敏史，则宝宝发生过敏的风险为 15%；如果父母一方有过敏史，则宝宝发生过敏的风险增加到 20%~40%；如果父母双方均有过敏史，则宝宝发生过敏的风险高达60%~80%。免疫系统及肠道屏障不成熟、剖宫产分娩、牛奶蛋白喂养、日益恶化的环境因素等均可增加过敏的风险。

婴儿湿疹的表现

婴儿湿疹起病大多在生后 1~3 个月，6 个月后逐渐减轻。皮疹多见于头面部、肩部、躯干、四肢。根据年龄不同湿疹表现不一，临床上分为3种类型：①**脂溢型：** 多见于1~3个月的小婴儿，表现为前额、面颊部和两眉间皮肤潮红，覆盖黄色油腻性鳞屑，头顶可有较厚的黄色液痂，严重患儿颈部、腋下出现糜烂。②**渗出型：** 多见于3~6个月的婴儿，表现为双侧面颊对称性小米粒大小红色丘疹，间有水疱和红斑，重者可有片状糜烂及黄色液渗出。③**干燥型：** 多见于6个月~1岁的婴儿，表现为面部、躯干或四肢出现丘疹、红肿、糠皮样鳞屑及结痂。

如何帮助"湿疹"宝宝

最好能寻找到过敏原，进行回避。

◆**重视饮食管理：** 6个月以内的宝宝，最好纯母乳喂养；如不能纯母乳喂养者，可选用深度水解蛋白配方奶或氨基酸配方奶。

◆**细心护理皮肤：** 给宝宝每天洗澡，保持皮肤清洁和湿润，但水温不能过高，少用化学洗浴品，避免刺激皮肤。寒冷季节，对于没有皮肤破溃的湿疹宝宝，可选用不过敏的婴儿保湿霜，以起到保湿作用。

◆**必要时局部治疗：** 对于严重的湿疹宝宝，在医生指导下可局部短期使用皮质类固醇霜剂涂抹，该药有明显的抗炎和止痒作用。如果局部破溃感染，则需要局部应用抗生素软膏消炎治疗。

◆**口服抗组胺药物：** 需在医生指导下，根据宝宝的症状严重程度，口服抗组织胺类药物如扑尔敏或开瑞坦等。

宝宝流鼻涕,是感冒还是过敏

门诊见闻: 1岁3个月的洁洁,流清鼻涕近3周了,时而会出现鼻塞,被当成感冒治疗,用过多种感冒药,有西药也有中药,但似乎症状没有改善。因为洁洁的精神、食欲均好,妈妈想不会有大的问题,就一直没有去看医生。近几日发现洁洁不仅清鼻涕照流,而且出现晚上睡眠不安,不停地揉鼻子,时不时打喷嚏,医生给予抗过敏治疗3天后症状得到改善。

◆**宝宝感冒了:** 感冒有轻有重,如果是普通感冒,宝宝可能会流清鼻涕,但在1周左右后,鼻涕可能会变黏稠,变成灰色、黄色或绿色。此外,宝宝还可能会咳嗽或发低烧。

如果宝宝跟平常一样玩和吃东西,或只是吃得稍微少一些,那么他可能只是感冒了。如果宝宝退烧后还是病恹恹的,那就可能得了比普通感冒更严重的病,需要及时就医。

◆**宝宝过敏了:** 过敏性鼻炎会出现流清鼻涕,同时伴有鼻痒、阵发性打喷嚏和鼻塞,但没有发热等感染表现,一般有季节性或诱因。

◆**过敏常见原因:** 遗传、环境、饮食、疾病因素均可引起。有过敏性家族遗传病史的宝宝比正常宝宝的发病率要高出很多,很容易出现过敏性

195

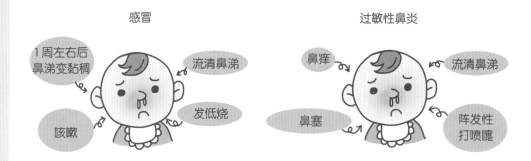

感冒　　　　　　　　　　　　　　过敏性鼻炎

1周左右后鼻涕变黏稠　　流清鼻涕　　鼻痒　　流清鼻涕

咳嗽　　发低烧　　鼻塞　　阵发性打喷嚏

鼻炎。环境中的过敏原，如花粉、室内尘土、动物皮屑羽毛、屋尘螨等都是过敏性鼻炎的过敏原。随着大气的污染程度加深，原来不是过敏性体质的宝宝由于身体免疫功能还未完全形成，因此也有可能演变成过敏性体质，从而发生过敏性炎症反应。在饮食中有一些过敏原刺激鼻黏膜也会引发宝宝的过敏性鼻炎，像牛奶、蛋类、鱼虾、肉类、水果，甚至某些蔬菜。此外，过敏性鼻炎经常伴随着感冒发作，有时感冒会直接导致宝宝过敏性鼻炎的发作。

◆**关注小儿过敏性鼻炎，不要错过治疗的最好时机**：秋冬季节是感冒的好发季节，此时过敏性鼻炎的发病率也会增加。过敏性鼻炎有很多与感冒相似的症状，加上宝宝不能准确表达，所以很容易被当成感冒治疗，这样就会错过治疗的最好时机。如不能及时治疗，过敏性鼻炎发展到严重程度后，就会产生很多并发症，如鼻窦炎、中耳炎、支气管哮喘等，还会影响宝宝的睡眠，使宝宝的睡眠质量下降，导致宝宝的生物钟紊乱，引起宝宝哭闹。

◆**过敏性鼻炎，从小做好预防是关键**：到目前为止，还没有根除过敏性鼻炎的特效药品，所以应以提高宝宝体质、预防为主。①加强平时的锻炼，提高宝宝的免疫力，积极防治急性呼吸道疾病。②积极回避过敏原。尽量找到过敏原，避免接触，平时与花粉、宠物等应保持一定的距离，出现流鼻涕、打喷嚏等症状时应及时就诊。③饮食清淡而富营养，多吃新鲜蔬菜和富含维生素 C 的其他食物，不吃或少吃油腻食物、甜食品或甜饮料等。④宝宝的房间内空气要流通，保持空气新鲜，避免灰尘长期刺激。⑤注意保暖，尤其是季节变换时，温差较大，应及时给宝宝添加衣服，以减少由于受寒而诱发的过敏性鼻炎。

感冒没有特效药，预防是关键

春季是宝宝感冒的多发季节。宝宝的免疫系统还没有发育成熟，容易得感冒，包括流感。春季气温变化反复无常，家长稍一疏忽，宝宝就容易着凉，从而诱发感冒。

宝宝感冒的临床症状轻重不一。轻者低热、鼻塞、流涕、打喷嚏、轻咳、轻度呕吐等，精神状态良好，咽部稍红，鼻黏膜充血水肿，分泌物增多，颌下或颈部淋巴结可轻度肿大。重者高热，体温常在39℃以上，还有精神不振、阵咳、头痛、呕吐、咽痛、畏寒、乏力、食欲下降等表现。

感冒常常是由病毒引起的，没有特效药物，主要治疗措施是休息、多饮水及对症治疗。宝宝感冒时往往有食欲不振，同时可伴有腹泻，此时应供给充足的水分，如果孩子没有食欲，父母不需勉强供给，可让宝宝少量多次食用牛奶或清淡易于消化的半流食。

如出现下面的情况，应带宝宝去医院：①宝宝体温达到38.5℃以上或发热超过3天。②虽然体温在38.5℃以下，但精神状况不好或年龄小于6个月。③持续咳嗽超过1个星期。④宝宝哭闹不安或有耳朵疼，他可能会拉扯耳朵或拍打耳朵。⑤呼吸比平时更费劲或有气喘。

感冒没有特效药，预防是关键：①尽可能不要接近生病的小孩或成年人。②照顾宝宝的人要注意勤洗手，可使用肥皂或洗手液并用流动水洗手，不能用污浊的毛巾擦手。③保持良好的环境卫生，每天开窗通风数次，保持室内空气新鲜。④如果家中有人感冒，打喷嚏或咳嗽时应用手帕或纸巾掩住口鼻，避免飞沫传染他人。⑤注意保证宝宝均衡饮食，补充足够的水分，已经添加辅食的宝宝可以适当多吃些水果或者喝果汁。⑥增加宝宝室外活动的时间和次数，多带宝宝出去晒太阳、呼吸新鲜空气，以增强他的抗病能力。

宝宝咳嗽切莫乱用药,家长该这样应对

门诊见闻: 一个妈妈愁眉苦脸地告诉我,她3岁多的宝宝每咳一声,都揪着她的心,因为她的宝宝反反复复咳嗽了将近1个月,家人自作主张用过多种药,但无效,也看过几家医院、多位医生,看过西医,看过中医,打过针,用过抗生素、止咳糖浆等等。孩子精神状况一直很好,吃得好、睡得好、咳嗽无痰,体格检查也没发现特殊异常,我按过敏性咳嗽治疗,宝宝很快好转。

这看似个案,实际很普遍,在日常门诊中这样的宝宝很多,家长既着急又茫然。

小儿的咳嗽反应比大人重

咳嗽是人体的一种保护性呼吸反射动作。咳嗽是由于异物、刺激性气体、呼吸道内分泌物等刺激呼吸道黏膜里的感受器,冲动传到咳嗽中枢而引起的。小儿咳嗽与大人咳嗽的机制一样,但小儿的咳嗽反应比大人重,时常会出现咳嗽不止,家长看到很难受,着急之下就会出现过度治疗。如果宝宝咳嗽,影响了饮食、睡眠和休息,那它就失去了保护意义。因此,对于宝宝咳嗽,一定要判断是哪种原因引起的,再对症处理。绝不可一听咳嗽,马上就认为是感冒、肺炎,做出盲目治疗的行为。

宝宝咳嗽,需要紧急就医的情况

(1)突然出现的剧烈咳嗽:如果小儿先前没有咳嗽、流涕或发烧等症状,突然出现剧烈呛咳,同时出现呼吸困难、脸色不好,尤其是较小的孩子,有可能是将某种异物如花生、糖豆、药丸、纽扣等放进了嘴里,不小心误入咽喉或气管引起的,这种情况十分危险。

(2)咳嗽伴有喘憋或高热,提示肺炎。

(3)咳嗽呈"空空"样声音,像小狗叫,并可听到喉鸣音,提示急性喉炎。

小儿发生急性喉炎后，因其喉腔狭小，极易产生水肿并阻塞喉腔。因此，小儿急性喉炎的病情常比成人严重，若不及时诊治，可危及生命。

几种常见的小儿咳嗽

(1)普通感冒引起的咳嗽：普通感冒在医学上属于"上呼吸道感染"，简称"上感"，是幼儿时期常见的疾病。多表现为一声声刺激性咳嗽，好似咽喉瘙痒，无痰，不分白天黑夜，不伴随气喘或急促呼吸症状，有流鼻涕，有时可伴随发热，体温不超过38℃。此种咳嗽一般不需特殊治疗，多喂宝宝一些温开水，可用一些感冒药，因感冒多为病毒感染，所以一般不需要用抗生素。

(2)支气管炎引发的咳嗽：通常在感冒后接着发生，由细菌感染导致。咳嗽有痰，有时比较剧烈，一般在夜间咳嗽次数较多。应根据医生意见选用适当的抗生素治疗。

(3)细支气管炎、肺炎引发的咳嗽：咳嗽伴发热、呼吸急促和喘憋，应及时就医，需要住院治疗。

(4)过敏性咳嗽：表现为持续或反复发作性的咳嗽，多呈阵发性，晨起较为明显，宝宝活动或哭闹时咳嗽加重，遇到冷空气时爱打喷嚏、咳嗽，但痰很少。咳嗽时间较长。这种情况最容易盲目治疗，建议在医生指导下正确用药，不要盲目滥用抗生素和镇咳药。

小儿天性好动、爱玩耍，常常满头大汗，若是恰逢冬天寒冷又干燥，气温变化较大，宝宝就容易感冒生病，但只要治疗得当，康复也会很快。作为家长关键要做好预防，比如让宝宝从小就接受适应气温变化的锻炼，经常带宝宝到户外活动，即使是寒冷季节也应坚持，只有经受过锻炼的呼吸道才能够顶住冷空气的刺激。同时，要注意适当增减衣服，及时更换汗湿的衣服。要多饮温开水，饮食上保证每天摄入适量蔬菜、水果等等。

199

如何尽早识别宝宝是否得了肺炎

肺炎对于家长们来说并不陌生，有孩子的家庭也很注意预防，但它仍然是儿科最常见的疾病之一。肺炎一年四季均易发病，以冬、春季节较多，好发于3岁以内的婴幼儿。

我们经常遇到家长的疑问：

疑问1：宝宝不吃奶，医生诊断为肺炎，为什么小宝宝没有咳嗽还会是得了肺炎？

疑问2：宝宝才咳嗽了几声，也没发热，也是肺炎？

也正是因为家长对小儿肺炎的认识不足，未予以足够重视，所以延误治疗的案例不少。其实，新生宝宝若患有肺炎，有可能既没有咳嗽也没有体温升高，父母千万不可忽视。

小儿易患肺炎有原因

(1)小儿呼吸道发育特点：鼻、气管、支气管狭窄，黏膜柔嫩，肺的弹力差、含气量少，防病能力低。

(2)小儿免疫功能尚未充分发育，抵抗能力较低。

(3)家长育儿理念滞后：给宝宝穿衣太多或太少，不经常到室外活动，不能适应气温和环境的变化等。

如何识别小儿是否得了肺炎

研究表明，90%以上的小儿肺炎由呼吸道感染引起。一般来说，只要妈妈们细心留意孩子的生活习惯和精神状态，能提早发现小儿肺炎，如发现有以下情况应及时将患儿送医院治疗。

(1)有上呼吸道病史，又发现小儿不吃东西、不喝水。

(2)小儿出现胸凹陷。胸凹陷就是当患儿吸气时胸壁下部内陷，这是由于肺组织弹性差，患儿比正常时更费力地吸气所致。

(3)呼吸过快。数呼吸频率是判断小儿是否得了肺炎最容易掌握、最简便易行的方法。在孩子比较安静的情况下，一般儿童随着年龄增长，呼吸频率会逐步下降，如果小于 2 个月的婴儿每分钟呼吸等于或超过 60 次、2~12 个月的孩子每分钟呼吸等于或超过 50 次、1~5 岁的孩子每分钟呼吸等于或超过 40 次，都算是呼吸过快。

有惊厥、嗜睡或不易唤醒，安静时有喉喘鸣、呼吸急促、胸凹陷等，都是病情重的表现，有可能是患重度肺炎了。

婴幼儿喘息勿轻视，可能演变为哮喘

宝宝为什么会喘息？要不要紧？怎样预防？这都是家长们普遍关心的问题。

约 1/3 的婴幼儿喘息发生在出生后头一年。据英国一份流行病学资料显示，婴儿中约 30% 在出生后头一年中至少有一次喘息发作，其主要的原因是病毒性呼吸道感染和暴露于吸烟环境中。美国的一份调查同样显示，全部儿童中约 20% 以上在出生后头一年中至少有一次伴喘息的下呼吸道疾病，其中 60% 被证实是由于病毒感染所致。

约 1/3 的婴幼儿喘息可能会演变为哮喘。研究发现，某些婴幼儿可能仅有单次、轻度的喘息，持续 2~3 天，常是由于首次呼吸道病毒感染所致的急性细支气管炎症引发的。另一些婴幼儿，可能每次受凉后即有喘息发作，需每月住院，其中部分（30%~40%）患儿可能会出现持续性喘息并最终演变为典型哮喘。我国 1990 年对全国 0~14 岁儿童的流行病学调查显示，有 84.8% 的哮喘患儿在 3 岁以内发病。被筛查出的哮喘患儿中，婴幼儿哮喘占 25.4%。2000 年的全国第二次 0~14 岁哮喘流行病学调查结果显示，婴幼儿哮喘占哮喘发病总数的 11%。

婴幼儿喘息常见有三种情况：

(1)早期一过性喘息：只发生在 3 岁以前，通常患儿在出生后便存在肺功能低下，无个人或者家族性的过敏史。引起肺功能低下的危险因素包括早产、被动吸烟等。

(2)早期起病的持续喘息：通常在婴幼儿时期发病，往往在 6 岁以下经常反复，但到青春期后就慢慢消失，没有个人或家族过敏史，引起这种喘息的主要原因是病毒感染，其中呼吸道合胞病毒感染尤为多见。

(3)晚发的喘息：这是真正意义上的哮喘，此种哮喘常持续到儿童期直至成人，患者具有典型的过敏体质，大部分伴有湿疹，呼吸道有典型的哮喘病理特征，需要长期治疗。

不同年龄阶段的喘息原因不同：一般情况下，3 岁以下的婴幼儿，首次喘息多数是由病毒感染而引起的毛细支气管炎导致的。如喘息治疗效果不好，或者喘息持续超过4周，或者宝宝频繁发生喘息，建议进一步进行胸部CT、纤维支气管镜、心脏彩超等检查，以便排除先天性气道或肺发育异常、异物吸入、胃食管反流、先天性心脏血管畸形等引起的喘息。

喘息是一种症状，需要积极治疗。宝宝出现喘息时，往往表现为呼吸费力、加快，呼吸时发出"喝呼喝呼"的声音，有些还可伴有呕吐、精神差，甚至口唇发绀。不论何种原因所引起的喘息，在喘息发作时都应该积极治疗，治疗的重点在于去除病因，对症平喘。

哪些宝宝容易出现喘息?

(1)早产儿。

(2)先天畸形：喉软骨发育不良、心血管畸形等。

(3)父母吸烟。

(4)反复呼吸道感染。

(5)有家族过敏史。

喘息患儿需注意避免相关的诱因：

(1)气候改变，冷空气刺激为主要诱因。因寒冷易诱发咳嗽不止，所以冬季清晨出门要穿暖，并戴上口罩。

(2)运动后易咳嗽加重，因而要尽量避免剧烈运动或吸入速效解痉药物后再进行运动。

(3)情绪激动、大哭大闹亦可诱发咳嗽发作，因而要尽量保持孩子情绪稳定。

(4)反复喘息的患儿，需要积极寻找过敏原，并避免接触。

患儿需要积极增强机体免疫功能。

203

婴幼儿哮喘的早期预兆

婴幼儿哮喘是指 3 岁以下孩子的哮喘。部分婴幼儿哮喘在长大之后可能自愈，这是由于青春期机体内分泌系统会进行很大的调整。因此，对于有哮喘的孩子，只要早发现早治疗，控制好症状，减少发病次数，就能把对孩子生长发育的影响减少到最小。

婴幼儿哮喘表现不典型，常被误诊或漏诊：

由于婴幼儿哮喘与一般儿童哮喘相比，临床表现多不典型，容易被误诊或漏诊，从而影响有针对性的治疗，导致哮喘反复发作，所以家长要重视，提高识别能力。婴幼儿哮喘若能早期诊断，及时给予正规合理治疗，患儿的病情就可获良好控制。随着孩子年龄的增长、免疫力的提高、呼吸道感染次数的逐渐减少，多数哮喘患儿到 3~5 岁后可停止发作。

婴幼儿哮喘的主要症状有咳嗽、喘息、呼吸短促和胸闷。伴随症状有疲劳和夜间觉醒。可有喂养困难以及吸奶时喘鸣。较年长的幼儿可能会逃避运动和游戏。

婴幼儿哮喘的诱发因素：

(1)多有上呼吸道感染诱发哮喘的前驱症状，即 1~2 天的感冒症状，如发热、流鼻涕、打喷嚏、咽喉疼痛及咳嗽，症状以晨起及活动后较重。

(2)环境刺激物和过敏原暴露。

(3)运动，过强的情绪表达如大笑和大哭等。

(4)可能同时存在但尚未经诊断和 / 或治疗的疾病，如鼻炎、鼻窦炎和胃食管反流等。

婴幼儿哮喘的特点：

(1)反复咳嗽、喘息，每年发作数次以上，往往被误诊为支气管炎或肺炎。

(2)咳嗽以晨起和夜间为重，咳嗽常为刺激性干咳，痰不多。

(3)运动、吸入冷空气或进食冷饮后易出现刺激性干咳。

(4)发作时多有紫绀及鼻翼翕动。

(5)有家族性过敏史，比如过敏性鼻炎、哮喘等。

(6)有明显的湿疹史或在婴儿期对鸡蛋、奶粉不耐受（往往表现为哭闹、呕吐、腹泻、体重不增）。

(7)常用平喘药治疗效果不好，常需应用吸入性的糖皮质激素治疗。

坚持正确用药，有效控制哮喘很重要：哮喘为气道慢性炎症，所以控制慢性气道炎症，是哮喘的基本治疗原则，常用的药物是吸入性的糖皮质激素。治疗的目的在于控制或减少发作，也是哮喘治疗的根本要求，这不但需要医务人员的正确指导，更需要家长和患者的积极配合。但临床上经常见到患儿一段时间不发作或症状缓解了，家长就自以为治愈或因担心药物副作用而自行停药的现象。

在这里需要提醒家长：哮喘治疗用的是吸入疗法，局部吸入的药物量很小，基本上只有口服的几十分之一，因此对宝宝的影响也比较轻，同时，正确用药也可对减少药物的副作用有一定帮助。因为宝宝的病情有差异性，所以具体选择什么方式或者药物治疗，一定要遵照专科医生的建议。

第三节
肠道健康

宝宝便便的大小事

　　家有宝宝，爸爸妈妈、爷爷奶奶也就忙得不亦乐乎，说起来，宝宝就是在吃喝拉撒睡中成长起来的。我接触的很多家长都为宝宝的便便问题心神不定，担心多多。在广东谈得最多的就是便秘，人们世世代代传下来一个不好的习惯，就是宝宝一吃奶粉，家长就怕宝宝大便干燥或便秘，就开始喂凉茶。宝宝便便的性状、颜色、气味可以透露出重要的健康信息，一定要学会判断，掌握正确的处理方法，这样才能使宝宝健康成长。关于宝宝的便便问题，根据家长的疑问，我归纳出如下几个知识点，以供参考。

什么样的大便属于正常

　　新生儿最初 2~3 天内排出的大便，呈深绿色，较黏稠，称为胎便。正常新生儿于 12 小时内开始排便，如乳汁充分，2~4 天即转为正常新生儿大便，颜色由深绿色转为黄色。母乳喂养的大便为金黄色，糊状，无臭味，可有酸甜气味，每天 1~4 次，甚至 5~6 次或 7~8 次。配方奶喂养的宝宝大便为淡黄色，呈膏样，无臭味，每天 1~2 次。随着宝宝的长大，大便次数会逐渐变少，尤其 4~5 个月开始添加辅食后，大便次数可以 1~2 天 1 次，3 天 1 次都算正常，大便的颜色往往会受到所吃辅食颜色的影响，大便也会有臭味。

如何辨别异常大便

宝宝大便是否正常，主要是和之前的情况比较。就拿次数来说吧，如果宝宝本来是每天 2~3 次大便，突然变成每天 7~8 次，而且拉出来的便便很稀很多水，那就表明有问题了。还有性状、颜色的改变，比如大便出现黏液、脓血或鲜血或呈白陶土样，均属异常，应及时就诊。

如何判断宝宝是否便秘

便秘主要根据大便的次数和性状来判断。一般认为，排便规律消失，便次少于正常情况，排便间隔超过 3 天，粪质坚硬，排便时感觉不适，就说明发生了便秘。如虽每天排便 1 次，但大便干硬、量少、排出困难，或大便完以后仍有大量坚硬的粪便留在结肠或直肠中，则亦属便秘。

值得一提的是，幼儿排便习惯的个体差异性较大，有的宝宝 2~3 天才排便 1 次，但只要大便性状正常，宝宝生长发育正常，就不能算是便秘。

预防和处理便秘的常见误区

一吃奶粉就喂凉茶：很多人认为，吃奶粉会有"热气"，所以要喝凉茶来缓解。其实人工喂养的宝宝较母乳喂养的宝宝容易便秘，是因为牛奶中含有较多的钙和酪蛋白，而糖和淀粉的含量相对减少，所以宝宝食入后容易形成钙皂引起便秘。而凉茶毕竟是药，要因人制宜，不能滥服，更不能作为保健药长期服用，尤其是婴幼儿，脏腑娇嫩，多服凉茶反而影响小儿健康成长。家长可选用添加了低聚果糖（双歧杆菌增殖因子）的牛奶喂养宝宝，因低聚果糖能促进双歧杆菌增殖，产生的短链脂肪酸能刺激肠道蠕动，增加粪便湿润度，并保持一定的渗透压，从而防止便秘。

牛奶中加蜂蜜：使用

207

蜂蜜不外乎两种原因，一是增加营养，二是防治便秘。的确，蜂蜜含有葡萄糖、果糖、多种维生素以及其他丰富的营养成分，有润燥的功效，对人体大有益处。但使用时需要考虑到个体的特殊性，这是因为蜂蜜中可能含有肉毒梭菌，婴幼儿肠胃消化能力及抵抗病毒的能力均差，食用被污染的蜂蜜后易出现中毒症状，所以1岁内的婴儿不主张食用蜂蜜。

一出现便秘就用药物解决：便秘可以是多种因素引起的，比如饮食不足、饮食不合理、没有形成良好的生活习惯、肠道功能问题及身体的一些疾病等等。好多家长一发现宝宝大便次数减少就到医院开药或自己买药，这种现象比比皆是。提醒各位家长，宝宝一旦出现大便减少，但食欲好、精神好、无腹胀、呕吐等不适，可以在观察的同时找找原因。

如果宝宝长时间不能自己排便，在排除疾病的情况下，可以采取以下非药物措施：一是用铅笔粗细的肥皂条用水润湿后，刺激宝宝的肛门引起排便；二是给宝宝做腹部顺时针按摩，每天两次，每次10~15分钟。虽然引起婴儿便秘的原因很多，但多数可以通过调整饮食和培养良好规律的生活习惯来解决，这也是解决便秘的根本措施。

根据便便性状，调整母亲的饮食结构

在我的育儿工作室里，经常有新妈妈发出宝宝大便的图片来咨询：宝宝的便便每天多少次算正常？宝宝为什么拉绿色便便？宝宝的便便为什么有泡沫？宝宝的便便为什么会有一粒粒的东西？……

现在介绍一下母乳喂养情况下，婴儿大便的性状和次数。

母乳喂养的宝宝，大便多数呈金黄色，糊状，偶尔也会带绿色比较稀，大便均匀一致，带酸味而且没有泡沫。新生儿期大便次数多一些，一般每天2~5次，也可7~8次，随着婴儿的长大，2~3个月时，大便次数会减少至每天1~2次。所以，吃母乳的宝宝，如果大便稀、次数多，但只要宝宝精神饱满、吃奶好、身高体重增长正常，家长就不必担心。

给妈妈们的提醒：

(1)母乳喂养的宝宝，如果大便呈黄色、次数增多，且粪与水分开，说明宝宝消化不良，提示母乳中含糖分太多。因为糖分过度发酵可使新生儿出现肠胀气，大便多泡沫、酸味重，所以妈妈应该限制糖的摄入量，适当控制淀粉的摄入量。

(2)如果新生儿的大便有硬结块，臭味比较大，如臭鸡蛋味，说明母乳中蛋白质过多或蛋白质消化不良，此时建议妈妈注意限制鸡蛋、瘦肉、豆制品、奶制品等蛋白质含量高的食品的摄入量。

209

秋季腹泻来袭，如何让宝宝少受罪

门诊见闻： 1岁2个月的滔滔突然发烧了，伴流鼻涕。妈妈以为是感冒了，给滔滔吃了点小儿感冒冲剂。第二天，滔滔不但发热没有退，而且吃进去的东西过一会儿就呕吐出来了。妈妈很着急，怕滔滔饿肚子，在他吐了之后又急着补喂，越是这样越喂不进去。接下来滔滔又出现便便不正常了，平时很规律每天1次的成形大便，变成了多次蛋花汤样大便，全家人更急了，以为是吃了脏东西，就自作主张用了自备的抗生素。因为症状不能改善，所以带宝宝到医院就诊，检查发现大便中有轮状病毒，也就是说滔滔的这一系列表现是因为感染了轮状病毒引起的秋季腹泻。

秋季腹泻主要是由一种轮状病毒感染性肠炎引起的，因轮状病毒嗜冷，所以秋季多发。据报道，北方地区多发生在8-12月份，以10-11月份最多，而广东中山以10-12月份多见。轮状病毒可以经过消化道和呼吸道传播，呈散发或流行。潜伏期1~3天，多感染6~24个月的婴幼儿。

若宝宝得了秋季腹泻，腹泻前常有1~2天发热、咳嗽和流涕等呼吸道感染症状，起病初期常有呕吐，继之大便次数增多，甚至每天达10多次，呈黄色水样或蛋花汤样，体温可达38~40℃。秋季腹泻是一种自限性疾病，一般无特效药治疗，多数患儿在1周左右就会自然止泻。关键在于严重吐泻时，如果不能及时治疗，患儿可出现不同程度的脱水、电解质紊乱，甚至可合并脑炎、肠出血、心肌炎而危及生命，因此，对此病要引起重视。

一旦出现秋季腹泻，家长的护理是很重要的一环。

(1)饮食：不必严格禁食，以流质和半流质食物为主，例如奶、米汤、粥等，可以适当减少喂奶次数或多次少量。如果以配方奶为主食的婴儿，可暂时换"腹泻奶粉"，即不含乳糖的配方奶，等症状缓解、胃肠功能恢

发烧　　　　　　呕吐　　　　　　腹泻

复后再换回普通配方奶。

(2)补液是最重要的治疗。到医院就诊时，医生会开口服补液盐，只要小孩不呕吐，应该耐心少量多次地喂，按医生的嘱咐在一定的时间内喂完，可以纠正轻度脱水。

(3)高热、严重吐泄不能进食的宝宝，要及时到医院就诊。

(4)宝宝屁股的护理：大便次数多，反复擦会导致肛周皮肤损伤，建议每次大便后给宝宝洗屁股，并尽量保持宝宝屁股的干燥和清洁。

(5)宝宝患病期间要注意休息，避免去托儿所和其他公共场所，以免传染。

(6)生活用品要消毒，以免反复交叉感染。比如宝宝的饮食用具，如奶瓶、汤勺等，在每次用前和用完后都应该用开水洗烫，最好每天煮沸消毒一次。宝宝的玩具也应该经常消毒。

预防秋季腹泻，需做到：

(1)注意居室清洁，保证手卫生。秋季腹泻的传染源主要是排毒的成人或孩子。病毒排出后常污染水源、食品、衣物、玩具、用具等。当健康人接触了这些物品时，病毒会通过手、口途径进入人体。

(2)注意饮食卫生，尽量不要带宝宝在外进餐，水果、蔬菜要用流动水洗干净，肉类要熟透才食用。

(3)不要滥用抗生素，以免引起肠道菌群的失调。

(4)使用轮状病毒疫苗。目前国内医学界使用的轮状病毒疫苗叫"口服轮状病毒活疫苗"，使用后能够在婴幼儿体内产生抗体，减少轮状病毒的感染。

211

宝宝便秘，家长可这样处理

宝宝便秘，似乎是妈妈们经常遇到而又令人苦恼的事情，为了防止或快速解决宝宝便秘，妈妈们有时会采取一些不当的办法，比如不停地更换奶粉、天天喝凉茶、频繁使用开塞露等等。了解引起便秘的常见原因，可以帮助妈妈们采取有效的预防措施，避免伤害宝宝。

哪些情况属于便秘？妈妈们总是认为长时间不排便才算便秘，实际上是否属于便秘除了根据排便时间判断外，还要根据大便性状和排便时的费力程度来判断。

以下2种情况均可视为便秘：

(1)宝宝大便干燥、排便时因费力而哭闹，大便次数较以前明显减少，比如2~3天甚至5~6天排便1次。

(2)即使宝宝每天都能排便，可排出的大便干硬而少、费力，甚至有食欲不好和腹胀。有些宝宝虽然2~3天才排便1次，但有规律，可以轻松排便，大便性状好，生长发育及精神状况均好，这不能算便秘，家长不必担心或过于紧张。

宝宝便秘的6个常见原因

(1)饮食不均衡：尤其挑食、偏食的孩子，吃肉太多，吃蔬菜、水果太少，造成饮食结构中蛋白质过多、膳食纤维含量太少而便秘。

(2)喝水太少：尤其是夏天，天气热、出汗多，喝水太少可造成肠道内水分不足，导致大便干燥。

(3)食物过于精细：很多婴幼儿食品都由精细粮食加工而成，缺少粗纤维。

(4)没有养成定时排便的好习惯：应训练宝宝在清晨或进食后半小时定时坐便盆，养成每日定时排便的习惯，从而形成条件反射。

(5)宝宝吃得少：进食少，则食物消化吸收后残渣少，形成的大便也少。

(6)运动量少：平时不爱运动或缺乏运动的宝宝，腹肌无力，肠蠕动降低，易导致便秘。

解决便秘的几种方法

宝宝一旦发生便秘，妈妈们不要急于给宝宝使用通便药，以防伤及脾胃，引起不适症状。在这里介绍几种解决宝宝便秘的方法，供家长参考选择。

◆**调整饮食：**4~6个月以前还没添加辅食的宝宝发生便秘，可以给一些果汁和菜汁，促进肠道蠕动。如果已经添加辅食，可以增加菜泥、果泥。1岁的幼儿，可以增加纤维素含量高的食物和蔬菜，比如红薯、粗谷类、芹菜等。

◆**食疗方法：**

(1)荸荠汤：可润肠排便。荸荠洗净、切碎煮汤，每天1~2次。

(2)菠菜或白菜汤：取新鲜菠菜或白菜煮水，取汤给宝宝饮服。

◆**培养定时排便的习惯：**婴幼儿可以训练早晨饭后半小时坐便盆，即是没有便意也要坚持10分钟，注意避免逗引宝宝，以免分散他的注意力。

◆**做腹部按摩：**成人用手掌在宝宝脐周顺时针方向按摩，每次10~15分钟，每天1~2次，以加强肠蠕动，促进排便。

◆**必要时帮助排便：**如果宝宝连续几天不排便，可使用小儿开塞露（10毫升/支）注入肛门，操作时注意开塞露的前端要磨光滑以免损伤肛门，或切一小长条肥皂，蘸些水用手搓成圆柱形，塞入肛门，以刺激排便。

◆**适当服一些益生菌。**

益生菌与肠道健康有什么关系

> **门诊见闻：**玲玲已经 10 个月了，因为是人工喂养，所以经常出现便秘，妈妈会根据医生的指导使用一些"妈咪爱"。可是前几天不知道什么原因，玲玲出现了腹泻，但精神状况和食欲均好，也不发热。看了医生，诊断为消化不良，医生开了很简单的 2 种药物，其中一种就是"妈咪爱"。回家之后，妈妈越想越不放心，不同的症状、不同的医生却开出来同样的药物，是否是医生开错了药？

"妈咪爱"属于益生菌类药，含有两种活菌——枯草杆菌和肠球菌，可直接补充正常生理菌群，抑制致病菌，促进营养物质的消化、吸收，抑制肠源性毒素的产生和吸收，达到调整肠道内菌群失调的目的。该药还含有婴幼儿生长发育所必需的多种维生素、微量元素及矿物质钙，可补充因消化不良或腹泻所致的营养物质缺乏。

回想一下，关于使用益生菌的疑问还不少：什么情况下选用？长期使用对宝宝有益吗？合生元就是益生菌吗？

(1)认识肠道微生态：在人类的肠道中 100 多种细菌，健康状况下它们与人体之间处于生理的、和谐的、相互依赖、相互制约的状态，维持人体肠道的微生态平衡，辅助人体吸收、消化、营养、免疫及对抗致病菌，对保证健康有着重要意义。

(2)了解微生态调节剂：人患病时可引起菌群失调导致病情复杂化，微生态调节剂是根据微生态原理，调整微生态失调，保持微生态平衡，用对人体有益无害的正常菌群或其促进物质制成的制剂，包括：益生菌、益生元、合生元三类。

(3)益生菌是指含有生理作用活性的细菌。最常用的益生菌是乳酸菌，包括乳酸杆菌、双歧杆菌属、链球菌属和肠球菌属。2001 年 3 月 21 日，卫生部文件规定可用于保健食品的益生菌包括两歧双歧杆菌、婴儿双歧杆菌、长双歧杆菌、短双歧杆菌、嗜酸乳杆菌、干酪乳酸杆

214

菌和嗜热链球菌等。

(4)益生元是指一类非消化性物质，但可被肠道正常菌群利用，能选择性刺激结肠内一种或几种细菌的生长和活性。常见的有低聚果糖、低聚乳果糖、低聚木糖等。

(5)合生元是益生菌和益生元的混合制剂，或再加入维生素、微量元素等。

总之，无论是益生菌、益生元还是合生元它们均是通过维持肠道正常菌群来促进消化吸收、调节免疫的，从而减少肠道疾病，促进生长发育，可用于治疗肠道功能紊乱、急慢性腹泻等。虽然益生菌对人体健康有益，但理论上也存在一些副作用，比如导致感染等，所以用药时一定要有医生的指导，如果孩子健康，建议不必要长期使用。广泛用于食品的大多数乳酸杆菌、双歧杆菌对于普通成人和儿童是安全的。

预防手足口病，关键从讲卫生做起

门诊见闻：据流行病学资料，4-7月是手足口病高发季节。前几年在医务岗位上，为手足口病的防控和救治忙碌奔波加班加点的情景又浮现在我的眼前：因为卫生条件差，有的患儿全家人都得了这个病；一些患儿因为病情变化快，短时间就进展为危重症；还有一些家长过度紧张，孩子手上长个皮疹，就以为是手足口病，带着看急诊；被医生诊断为轻症的手足口病患儿，明明可以回家隔离观察，可家长不放心，一定要住院……

手足口病是一种常见的、多发的传染病，以婴幼儿发病为主，是由多种肠道病毒引起的。一般症状比较轻，绝大多数情况下7～10天可以自愈。少数患者病情比较严重，可能并发脑炎、肺炎等疾病，如果救治不及时，可能有生命危险。手足口病传播途径比较多，主要通过密切接触患者的粪便、疱疹液、呼吸道的分泌物、被污染的手及其他日常用品传播。因此，讲卫生是预防该病最关键的措施之一。

◆重视**"手卫生"**：俗话说"病从口入"，手是病原体和口之间的运输纽带。洗手——这个看似非常普通的行为却往往被许多人忽视，在没有洗手的时候，尤其是在便后或接触了被污染的物品后，各种细菌、病毒和寄生虫卵可经手—口途径进入人体，从而引发各种疾病。再通过人与人之间的握手、抚摸等直接接触或共用物品等的间接接触，造成各种传染病的传播和扩散。所以，应该不厌其烦地教育孩子勤洗手，让他们从小养成讲究"手卫生"的良好习惯。

洗手要点：用流动水、洗手液，最少用20秒的时间揉擦手掌、手背、指隙、指背、拇指、指尖及手腕，切勿与别人共享毛巾或纸巾。

◆做好**"饮食卫生"**：不喝生水，吃水果要洗净、削皮，食品要防蝇、防蚊、防霉变，碗筷、水杯要清洁，婴幼儿使用的奶瓶、奶嘴使用前后应充分清洗。

◆搞好**"环境卫生"**：注意保持家庭环境卫生，居室要经常通风，勤晒衣被。

◆ **强调"看护人的卫生"**：看护人接触孩子前，替孩子更换尿布、处理粪便后均要洗手，并妥善处理污物。

如果孩子一旦出现发热、出皮疹等症状，应立即前往医疗机构就诊。轻症患儿不用住院治疗，居家隔离治疗、注意休息即可，注意不要让生病的孩子接触其他小朋友，以减少交叉感染。如果上幼儿园的孩子患病，不要着急让孩子去幼儿园，在完全康复 1 周后再去，以防止传染其他小朋友。

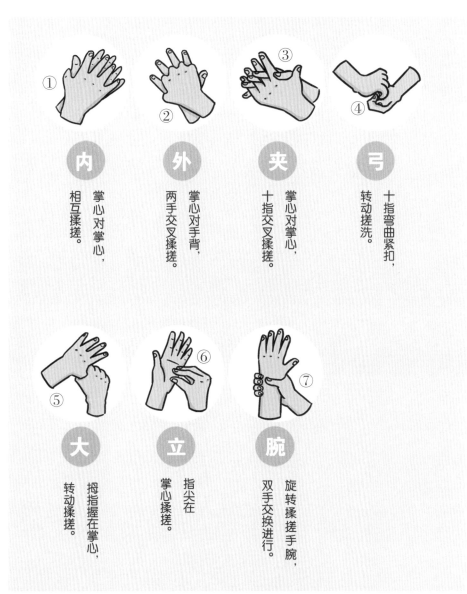

① **内** 掌心对掌心，相互揉搓。

② **外** 掌心对手背，两手交叉揉搓。

③ **夹** 掌心对掌心，十指交叉揉搓。

④ **弓** 十指弯曲紧扣，转动搓洗。

⑤ **大** 拇指握在掌心，转动揉搓。

⑥ **立** 指尖在掌心揉搓。

⑦ **腕** 旋转揉搓手腕，双手交换进行。

217

儿童不同于成人，给他们用药时必须更加谨慎，这其中的用药常识你了解多少？预防感染性疾病，最有效的方式就是接种疫苗，疫苗怎么打最好，又有哪些注意事项？

第七章
儿童安全
用药与
疫苗接种

儿童安全用药常识，爸妈必学

孩子病了，最着急的是家长，有孩子的家庭都会备很多不同种类的药，以防临时急用。家长们往往会根据孩子出现的个别症状盲目用药，药物使用准了可以治病，使用不当不仅起不到治病作用，而且对机体还是一种伤害。婴幼儿处在快速生长发育阶段，是一个特殊的用药群体，由于他们各个脏器发育尚未完全，体内代谢与药物反应与成人有差异，所以一定要根据他们的年龄、体重来计算用药量，不能完全当作成人的缩小版来对待。

退热药的使用要慎重

发热是机体对病毒或细菌入侵人体所产生的一种防御反应。发热时人体会自动产生比平时高得多的白细胞和抗体来跟病原体作斗争。所以，在低热时最好不要用退热药，尤其是新生儿和小婴儿，他们体温调节中枢发育不成熟，体温调节不稳定，更应慎重用退热药。另外，退热药属于对症治疗，有时可因用药掩盖了症状而影响诊断。当宝宝体温超过 38.5℃时，可以用药物降温，目的是防止出现高热惊厥等危险症状。

目前认为，最适合儿童使用的解热药为对乙酰氨基酚和布洛芬。对乙酰氨基酚口服用药每次 10~15 毫克／千克体重，每 4~6 小时 1 次，3~12 岁小儿每 24 小时不超过 5 次。布洛芬混悬滴剂每次 5~10 毫克／千克体重，需要时 6~8 小时重复使用，每 24 小时不超过 4 次。

不要盲目用钙剂

婴幼儿生长发育快，需要合理补充营养素，大多数家长认为钙是营养保健品，把很多症状也片面地归结于缺钙。在人们的观念中，给孩子补钙有很多好处：增加抵抗力、帮助长牙、促进睡眠等等。与此同时，补钙现象不仅普遍，而且成了热门的话题。钙并不是补充得越多越好，补钙过量会造成钙的沉积，对人体造成不同程度的伤害，例如沉积在眼角膜周边将影响视力，沉积在心脏瓣膜上将影响心脏功能，沉积在血管壁上将加重血管硬化等。

那么，婴幼儿到底需不需要补钙呢？

2岁以上的孩子，生长发育速度较前减慢，而且每天摄入的食物品种多，钙和维生素 D 的来源多，另外户外活动也多，皮肤受阳光照射后会合成维生素 D。这样的孩子就不需要额外补钙了。

2岁以下的孩子，尤其是新生儿和小婴儿，如果吃奶好，可以在医生指导下补充维生素 D 即可，一般不需要补钙。如果孩子有厌食、偏食、入睡差、易惊、多汗等症状，一定要带宝宝去医院检查，诊断为缺钙后再在医生指导下补钙。

止泻药服用要科学

腹泻是小儿常见问题，大多数家长认为腹泻就是因为着凉或吃了不干净的食物造成的，吃点止泻药就可以了。事实上，腹泻又分为感染性腹泻与非感染性腹泻。感染性腹泻是由细菌、病毒等病原体引起的，非感染性腹泻则是由消化不良或胃肠功能紊乱而导致的。

宝宝腹泻时要注意：①不要盲目使用止泻药。比如感染性腹泻，适度的腹泻可将体内的致病菌与毒素及时排出体外，减少对人体的毒害作用，这时使用止泻药，往往会加重病情。②不要盲目使用抗生素。腹泻时最好检查大便，查明原因，否则乱用抗生素不仅会破坏人体肠内的正常菌落结构，还会引发顽固性腹泻和顽固性便秘。③抗生素和益生菌不宜同时服用。

221

服药时间不对、药品保存不当，影响药效

　　家长们最担心的是孩子生病，不只是因为心疼孩子受苦，更是因为宝宝小，不能用语言表达病情，而是表现为哭闹、不愿意吃东西等行为，给孩子吃药打针更是难事。每遇到这些情况，家长们都会焦虑万分，恨不得看完医生立即药到病除。

　　门诊见闻：一位妈妈对我说，她看着孩子生病，真想代替他，带孩子打针时，针针像扎在她的心里，给孩子喂药太难了，全家人一起上阵才能勉强灌进去。家长们往往只想着如何把药灌进去，虽然也会关注药物的有效期，但一般不会想灌进去的药在喂药方法和保存方法上有什么问题。

　　事实上，我们也经常遇到由于用药不规范给孩子造成伤害或影响治疗效果的例子。比如：有的家长只重视孩子能不能把药吃进肚里，不重视如何科学规范地吃药；有的家长忽视了药物保存的细节，造成药效降低；等等。

跟着三餐服药是最常见的用药误区

"一日三次"的服药方法不是指三餐前后服药，而是指每隔 8 小时服用一次。跟着三餐服药会使白天的血药浓度过高，药物的毒副作用也会增加，而夜间由于长时间没有药物进入体内，血药浓度会过低，从而影响治疗效果。

睡前服药是指睡前 15~30 分钟服药。

空腹服药是指在饭前 1 小时或饭后 2 小时服药。

阴凉处保存与冷藏药物不能等同

家长们拿到药物后，建议仔细阅读药物说明书。有些药物，医生开药时也会提醒家长注意保存方法。阴凉处保存，是指保存温度不超过 20℃；冷藏保存是指保存温度在 2~10℃，要求冷藏的药物一定要放在冰箱里。比如，家长们都熟悉的益生菌类药物，需要冷藏保存，益生菌随着温度的升高会失去活性，起不到对肠道的调节作用，而且给宝宝冲服益生菌时水温应在 40℃以下，这样能有效保护益生菌的活性。

小儿糖浆类药不能放在冰箱内冷藏

糖浆类药是小儿常用的剂型，比如小儿止咳糖浆、感冒止咳糖浆等要在阴凉处保存，但不能放在冰箱内冷藏。原因是糖浆放在冰箱里冷藏，容易析出糖和药物有效成分等沉淀物，这些沉淀物即使摇动药液也不会消失，这就会造成药物分布不均匀，下层浓度高于上层，药力也会变得不均匀，无法保证药效。更何况，有些家长在给宝宝服药时，从冰箱里取出糖浆时不习惯摇一摇，这样就会造成下层药物浓度过高，可能导致不良反应。

多数药品的保存需要避光和防潮

小儿用药多数以西药为主，但西药大部分是化学制剂，而阳光能加速药物的变质，导致药效降低，甚至变成有毒的物质。比如，常用的维生素类、抗生素类药物。

223

别再给孩子乱用抗生素了

抗生素的出现，虽然治愈和挽救了无数个生命，但随着抗生素的广泛应用，不合理的使用越来越多，导致的不良后果也在增多，出现了细菌耐药现象、治疗失败、脏器功能损害等，给人们的健康带来很大的危害。

门诊见闻： 9个月的童童，因为发热2天前来就诊。孩子一到晚上就高热，全家人着急，不断地换药，已经在家里先后用了四五种药，经询问得知其中2种是头孢菌素类抗生素。给童童验血后发现他是病毒感染，于是停用抗生素，对症治疗，在发病的第3天体温恢复正常，皮肤出疹。童童患的是"幼儿急疹"，一种病毒感染疾病，无使用抗生素的指征。

抗生素也叫抗菌素，是临床儿童常用的治疗药物之一，它不仅能杀灭细菌，而且对霉菌、支原体、衣原体等其他致病微生物也有良好的抑制和杀灭作用，通俗地讲，抗生素就是用于治疗各种细菌感染或其他致病微生物感染的药物。临床上已经使用的抗生素有近百种，不同抗生素的药理作用不同，家长们应该正确认识并合理使用，最好不要自行购买和使用。

224

抗生素使用的常见误区

抗生素的不合理使用主要包括： 没有指征的预防用药和治疗用药、剂型选择错误，以及用药次数、用药途径、用药疗程不合理等。

常见误区：

(1)孩子一发热就用抗生素。引起婴幼儿发热的原因很多，如果是感染引起的，还要区分是细菌感染还是病毒感染，细菌感染时抗生素治疗才有效。

(2)抗生素软膏随意用。有的家长认为抗生素软膏是外用药，没有口服的药副作用大，所以以宝宝脸上出湿疹、长癣，皮肤出红斑等就随意使用红霉素、金霉素、百多邦软膏等，殊不知这些外用药物也可以通过皮肤吸收进入体内。

(3)注射抗生素好过口服用药。抗生素的给药途径是由药物特性决定的，与药物的抗菌活性无直接关系。一般感染大多数可以通过口服用药达到效果。

(4)贵的药比便宜的好。每种抗生素都有各自的特性，一般要因病、因人选用。

(5)一有效就自行停药。一般用药需要一个疗程，用药时间不够，可能会不见效，即便见效也应该在医生指导下用够疗程。急于停药可能会使病情复发。

婴幼儿使用抗生素的原则

(1)单纯病毒感染不需要使用抗生素。婴幼儿常见的细菌性感染疾病有急性呼吸道感染（包括化脓性扁桃体炎、肺炎）、泌尿道感染、肠道感染等。但大多数急性上呼吸道感染是由病毒引起的，不需要使用抗生素，针对临床症状处理即可。

(2)婴幼儿使用抗生素必须遵照医嘱。因为大多数抗生素的抗菌效果与药物在体内的浓度有关，所以抗生素每次的使用剂量和每天的使用次数都要正确才能达到效果。

(3)抗生素不能与活性益生菌同时服用，否则可使益生菌失活，影响治疗效果。

(4)最好选择儿童专用的抗生素剂型，不要把成人的药片掰开给儿童用，这样会影响药物剂量的准确性，也不利于药物的吸收。

225

儿童误服药物怎么办

一些不经意的事会对孩子造成严重的伤害，为人父母，一定要给孩子提供一个安全的生活环境，才能避免意外伤害。

门诊见闻： 一天下班后回到家，刚要准备晚饭，就接到医院值班医生的电话，说下级医院要求出车会诊，一个4岁的男孩因突然抽筋需抢救。我丢下手中的活儿，直奔医院，带上一名医生和护士很快到了会诊医院。患儿抽搐不止，神志不清，全身大汗，已经用了几种止痉药了，还是不能控制抽搐，而且发病前没有感冒、没有发热、没有腹泻、没有呕吐，孩子的妈妈说孩子病得确实很突然，刚刚还和弟弟一起玩得好好的，现在就什么都不知道了，着急啊！！！

当我们做完体格检查时，化验结果出来了，我快速浏览了所有的结果，发现血电解质中"钠"很低，毫无疑问，这是低钠引起的抽筋。我们一边快速给孩子补钠，一边找原因，什么原因引起的这么低的血钠呢？我再次找到孩子的妈妈，让她仔细想想有没有吃错东西。这时妈妈才告诉我们，她发现孩子的感冒药水瓶子空了。我们明白了，就是这瓶感冒药水导致孩子大量出汗，引起低钠血症，出现抽筋。经过快速补钠、输液后抽搐渐渐停止。把患儿接到我院已经是晚上8点了，他的生命体征已基本稳定。第二天一大早到病房看他时，这孩子竟然坐在床上吃东西，像没事一样。患儿的妈妈感激地说：谢谢医生，病来得快、来得急，也好得快，真是个教训啊！

家长的疏忽是引起幼儿误服药物的主要原因。在生活中，误服药物时有发生，由于幼儿好奇心重又缺乏判断能力，所以会把有甜味和带糖衣的药物当成糖果吃，有时会把有鲜艳颜色、芳香气味的水剂药物及化学制剂当成饮料喝，引起药物的误服。这一方面是由于家长将药物随意放在桌柜上或孩子容易拿到的地方造成的，另一方面是由于家长使用饮料瓶比如矿泉水瓶或可口可乐瓶装化学原料或农药而造成的。

　　一旦发现孩子误服药物，家长不要惊慌失措，更不要指责、打骂孩子，而是应尽快弄清误服了什么药物，服了多少，服了多长时间，同时观察孩子是否有不适症状。家长最好能掌握迅速排出药物、减少吸收的方法，如果误服时间不久，可以马上采取催吐的方法让孩子把药物吐出。如果是毒副作用很小的药，可让孩子多饮凉开水，使药物稀释并及时从尿中排出。如果是毒副作用大的药物，如安眠药等，则应及时送往医院治疗，切忌延误时间。

　　如果孩子突然出现抽筋、精神萎靡或神志不清，要考虑到误服药物的可能，家长应检查家中的药物是否减少了或不见了或变换了位置，为医生诊断治疗提供参考依据。如果明确孩子误服了药物，在送往医院时，应将错吃的药物或药瓶带上，让医生了解情况，及时采取解毒措施。

孩子误服药物，家长可以这样做

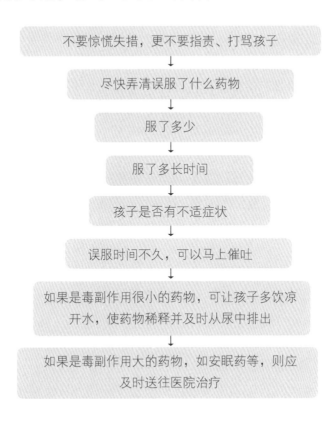

不要惊慌失措，更不要指责、打骂孩子

尽快弄清误服了什么药物

服了多少

服了多长时间

孩子是否有不适症状

误服时间不久，可以马上催吐

如果是毒副作用很小的药物，可让孩子多饮凉开水，使药物稀释并及时从尿中排出

如果是毒副作用大的药物，如安眠药等，则应及时送往医院治疗

孩子的疫苗要怎么打最好

疫苗的诞生和应用，使无数个生命免受疾病的痛苦。接种疫苗是为了提高儿童健康的保障，儿童的计划免疫是儿童成长过程中一项重要的事情。记得我的孩子小的时候不用操多少心，按规定带孩子去接种就行了。可是今天，随着疫苗种类的增多和计划外免疫疫苗的出现，家长们的困惑越来越多。

接种，是预防传染病非常有效的方法

人类在同传染病的抗争中，发现免疫是预防传染病最有效的方法，比如通过接种痘苗，全球消灭了天花，这也成为预防医学史上的重要里程碑。预防接种，泛指用人工制备的疫苗类制剂（抗原）或免疫血清类制剂（抗体），通过适宜的途径接种到机体中，使个体和群体产生对某种传染病的自动免疫或被动免疫，建立起预防相应传染病的保护屏障。儿童的计划免疫是针对某些传染病采取按免疫程序有计划地利用疫苗进行的预防免疫接种，目的更加明确、管理更加科学、措施更加具体。

计划外自费疫苗，是否需要打

家长们最困惑的莫过于自费疫苗的选择，选择了，既花钱又担心其安全性，不选择又不甘心，家长之间也互相询问、互相比较。目前我国儿童

的计划免疫疫苗（即一类疫苗）是免费提供的，也是必须要接种的。计划外自费疫苗（即二类疫苗）是自愿接种的。要知道，任何疫苗的保护力都不是100％，任何疫苗都是有副作用的，宝宝的体质不同，接种疫苗后的反应也不一样。虽然大多数传染病都是自限性疾病，通常症状较轻，但它所造成的重症感染及其并发症的危害性还是很大的，疫苗的作用体现在预防传染病所造成的重症感染及其并发症上。

所以，选择计划外自费疫苗，一方面要根据疾病的危险程度，另一方面要根据孩子的体质和家庭经济情况。经济条件允许的情况下，在某些传染病的高发季节可以考虑接种该传染病的疫苗，比如经常腹泻的孩子可以接种轮状病毒疫苗、抵抗力差或有基础病的孩子可以接种流感疫苗等。如果第一类疫苗与第二类疫苗接种时间发生冲突，必须优先接种第一类疫苗。

国产疫苗和进口疫苗有区别吗？

无论是国产疫苗还是进口疫苗，都是在达到预防标准和预防目的前提下才生产应用的，只要在我国获得注册上市的疫苗，只要按规定程序合理正确接种，都是安全有效的。价格上的差异在于进口疫苗和国产疫苗毒株及其培养工艺不同，以及由此引起的产生抗体数量的多少、防疫时间的长短、副反应的大小等方面的区别。比如水痘疫苗目前有国产的，也有进口

229

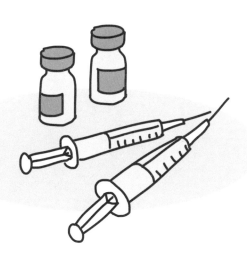

的，价格差异较大，其中国产疫苗免疫保护期为 5 年，进口疫苗免疫保护期在 15 年以上。各个家庭可根据自己的经济承受能力选择使用。

接种疫苗后可能会有哪些不良反应？

接种疫苗后的不良反应包括局部反应和全身反应。

(1)局部反应：注射部位在接种后 12~24 小时可出现红肿并伴疼痛，持续 2~3 日可自行消退。应避免挠抓，注意局部清洁卫生。

(2)全身反应：表现为发热、全身乏力、恶心等，多在接种后 1~2 日内出现，持续 1~2 日可自行消退。如体温超过 38.5℃，建议在医生指导下用药。由于体质原因，极个别儿童可出现异常反应，如晕厥、面色苍白、大汗等，需要及时救治，所以建议接种后就地观察 15~30 分钟，无异常反应后方可离开。

哪些孩子不适合接种疫苗？

接种疫苗一定要考虑孩子的身体状况，家长要如实告诉医生，以便进行筛选，防止发生不良反应。对疫苗成分过敏，或患严重心肝肾疾病、癫痫、急性感染性疾病，或有严重营养不良、免疫缺陷等情况的小儿不宜接种。

疫苗接种注意事项

为了减少疫苗接种异常反应的发生，确保疫苗接种的安全性、有效性，需要关注以下几个方面：①按计划接种疫苗；②了解不同种类疫苗的接种注意事项，并严格按使用说明的规定进行；③家长在每次接种前要如实反映儿童的健康状况。

常见疫苗接种事项一览表

疫苗种类	缓接种	慎接种	禁接种
卡介苗	注射免疫球蛋白者,间隔＞1个月	家族和个人有惊厥史者、患慢性疾病者、有癫痫史者、过敏体质者、哺乳期妇女	(1)已知对该疫苗所含的任何成分,包括辅料及抗生素过敏者 (2)患急性疾病、严重慢性疾病、慢性疾病急性发作期和发热者 (3)有免疫缺陷、免疫功能低下或正接受免疫抑制治疗者 (4)患脑病、未控制的癫痫和其他进行性神经系统疾病者 (5)妊娠期妇女 (6)患湿疹或其他皮肤病者
乙肝疫苗		(1)家族和个人有惊厥史者、患慢性疾病者、有癫痫史者、过敏体质者 (2)注射第1针后出现高热、惊厥等异常情况者,一般不再注射第2针 (3)对于母婴阻断的婴儿,如注射第2、3针应遵照医嘱	(1)已知对该疫苗所含任何成分,包括辅料、甲醛及抗生素过敏者 (2)患急性疾病、严重慢性疾病、慢性疾病急性发作期和发热者 (3)妊娠期妇女 (4)患未控制的癫痫和其他进行性神经系统疾病者
甲肝减毒活疫苗	(1)注射免疫球蛋白者,间隔＞3个月 (2)使用其他减毒活疫苗者,间隔＞1个月 (3)本品为减毒活疫苗,不推荐在该疾病流行季节使用 (4)育龄妇女接种后,应至少避孕3个月	家族和个人有惊厥史者、患慢性疾病者、有癫痫史者、过敏体质者、哺乳期妇女	(1)已知对该疫苗的任何成分过敏者 (2)妊娠期妇女 (3)患急性疾病、严重慢性疾病、慢性疾病急性发作期、发热者 (4)有免疫缺陷、免疫功能低下或正接受免疫抑制剂治疗者 (5)患未控制的癫痫和其他进行性神经系统疾病者

（续上表）

疫苗种类	缓接种	慎接种	禁接种
脊灰灭活疫苗	发热者、急性疾病患者	(1)患血小板减少症或出血性疾病，肌内注射可能会引起出血者 (2)正接受免疫抑制剂治疗或有免疫功能缺陷者 (3)患未控制的癫痫和其他进行性神经系统疾病者	(1)对本疫苗中的活性物质、任何非活性物质或制备工艺中使用的物质过敏者，或以前接种本疫苗出现过敏者 (2)患严重慢性病者、过敏体质者
脊灰减毒活疫苗	(1)注射免疫球蛋白者，间隔＞3个月 (2)使用不同的减毒活疫苗者，间隔＞1个月	家族和个人有惊厥史者、患慢性疾病者、有癫痫史者、过敏体质者	(1)已知对该疫苗的任何成分过敏者 (2)患急性疾病、严重慢性疾病、慢性疾病的急性发作期、发热者 (3)有免疫缺陷、免疫功能低下或正接受免疫抑制剂治疗者 (4)妊娠期妇女 (5)患未控制的癫痫和其他进行性神经系统疾病者
百白破疫苗		(1)家族和个人有惊厥史者、患慢性疾病者、有癫痫史者、过敏体质者 (2)注射第1针后出现高热、惊厥等异常情况者，不再注射第2针	(1)已知对该疫苗的任何成分过敏者 (2)患急性疾病、严重慢性疾病、慢性疾病的急性发作期和发热者 (3)患脑病、未控制的癫痫和其他进行性神经系统疾病者 (4)注射百日咳、白喉、破伤风疫苗后发生神经系统反应者
麻风疫苗/麻腮风疫苗	(1)注射免疫球蛋白者，间隔＞3个月 (2)使用其他减毒活疫苗者，间隔＞1个月。但麻风疫苗与腮腺炎疫苗可同时接种 (3)育龄妇女注射本疫苗后，应至少3个月内避免怀孕	家族和个人有惊厥史者、患慢性疾病者、有癫痫史者、过敏体质者、哺乳期妇女	(1)已知对该疫苗的任何成分过敏者 (2)患急性疾病、严重慢性疾病、慢性疾病的急性发作期和发热者 (3)妊娠期妇女 (4)有免疫缺陷、免疫功能低下或正接受免疫抑制治疗者 (5)患脑病、未控制的癫痫和其他进行性神经系统疾病者

232

（续上表）

疫苗种类	缓接种	慎接种	禁接种
乙脑减毒活疫苗	(1)注射免疫球蛋白者,间隔>3个月 (2)使用其他减毒活疫苗者,间隔>1个月 (3)本品为减毒活疫苗,不推荐在该疾病流行季节使用 (4)育龄妇女注射本疫苗后,应至少3个月内避免怀孕	家族和个人有惊厥史者、患慢性疾病者、有癫痫史者、过敏体质者、哺乳期妇女	(1)已知对该疫苗的任何成分过敏者 (2)患急性疾病、严重慢性疾病、慢性疾病急性发作期和发热者 (3)妊娠期妇女 (4)有免疫缺陷、免疫功能低下或正接受免疫抑制治疗者 (5)患脑病、未控制的癫痫和其他进行性神经系统疾病者
流脑疫苗			(1)已知对该疫苗任何成分过敏者 (2)患急性疾病、严重慢性疾病、慢性疾病的急性发作期和发热者 (3)患脑病、未控制的癫痫和其他进行性神经系统疾病者

233

疫苗反应如何识别和处理

疫苗虽经灭活或减毒处理，但毕竟是一种蛋白质或具抗原性的其他物质，对人体仍有一定的刺激作用，因而可引起反应。这种反应也是人体的一种自我保护，就像感冒发热一样。

疫苗反应包括：局部感染、无菌性脓肿、晕针、癔症、皮疹、血管神经性水肿、过敏性休克等。遇到晕针、过敏性休克应立即让宝宝平卧，头部放低，口服温开水或糖水；与此同时立即请医生紧急对症处理。

疫苗反应的处理措施

通常接种疫苗后，宝宝容易出现的不良反应包括腹泻、皮疹、发热等。

(1)轻微腹泻一般不需特殊处理，只要注意给宝宝保证充足的休息、多补充水分，2~3天即能复原。如腹泻严重，并持续3天不见好转，应及时就医。

(2)部分宝宝接种灭活疫苗后6~24小时会出现发热，大多数在37.5℃以下，少数疫苗如百白破疫苗可引起38.5℃左右的发热，一般持续1~2天。疫苗不同，接种后的发热反应发生率也不同，轻微发热一般不需处理，只要加强护理和观察，防止继发感染即可。体温较高者，应去医院作对症处理。

(3)接种疫苗后出现的皮疹，以荨麻疹最多见，一般在接种疫苗后数小时至数日内发生，可以自行消退。如果皮疹较多，可在医生的指导下应用脱敏药。

孩子接种疫苗时间表

按照正常的疫苗接种时间带宝宝去接种，是一件重要的事，也是从生命的开始就给宝宝的一种保护。一类疫苗可以免费接种，二类疫苗需自费。虽然二类疫苗是可选择的，但不代表不重要，毕竟可以给一类疫苗做一个补充。在保证一类疫苗接种的前提下，有条件者可接种二类疫苗。

一类疫苗接种时间表（免费接种）

月龄	第一针	第二针	第三针	第四针
出生时	卡介苗			
出生24小时内	乙肝疫苗			
1月		乙肝疫苗		
2月	脊灰减毒活疫苗			
3月	百白破	脊灰减毒活疫苗		
4月		百白破	脊灰减毒活疫苗	
5月			百白破	
6月			乙肝疫苗	
8月	麻风疫苗			
	乙脑疫苗			
6~18月	A群流脑疫苗			
18月	甲肝减毒活疫苗			

235

（续上表）

月龄	第一针	第二针	第三针	第四针
18~24月	麻腮风疫苗			百白破
2周岁		乙脑疫苗		
3周岁	A+C群流脑疫苗			
4周岁				脊灰减毒活疫苗
6周岁	白破疫苗	A+C群流脑疫苗		

二类疫苗接种时间表（自费接种）

月龄	第一针	第二针	第三针	第四针
2月	B型流感疫苗 13价肺炎疫苗			
3月	口服轮状病毒疫苗	B型流感疫苗		
4月		13价肺炎疫苗	B型流感疫苗	
6月	手足口疫苗		13价肺炎疫苗	
12月	水痘疫苗	口服轮状病毒疫苗 手足口疫苗		13价肺炎疫苗
18月				B型流感疫苗
2周岁			口服轮状病毒疫苗	
4周岁		水痘疫苗		

意外伤害是儿童最常见的致死致残原因。针对溺水、跌伤、烫伤、误吞异物等常见意外伤害，专家教你如何做足防范和如何应对。

第八章
避免意外
伤害

为何儿童意外伤害多

门诊见闻：8 岁的男孩去游泳不慎溺水抢救无效；3 岁的小明跟小朋友一起玩耍掉进了水坑；7 个月的婴儿开水烫伤了胸部需住院治疗；4 岁女孩把避孕药当糖豆吃了，出现了乳房发育；3 岁的孩子把"消毒水"当成饮料喝而中毒；9 个月的盈盈一周之内从床上掉下来了 2 次；7 岁的学生交通意外留下残疾……在我的从医生涯中，几乎每年都能见到这样的意外伤害病例，真是让人痛心和惋惜。

意外伤害，已成为威胁儿童健康的主要问题

意外伤害，是突然发生的事件对人体造成的损伤，包括家庭中毒窒息、溺水、交通事故、烧伤、烫伤等。据《中国儿童发展纲要》统计，我国每年约有 16 万名 0~4 岁儿童死于意外伤害，约有 64 万名儿童因意外伤害而致残。儿童意外伤害，已经成为世界上许多国家儿童最主要的死亡和致残原因，必须引起家庭、社会的重视。

儿童意外伤害的发生与儿童的发育特点有关

儿童是在不断积累生活经验中成长的，其生理、心理发育的特点，造

就了他们好奇、好动、好探索的特性，同时他们又缺乏正确的判断，所以意外伤害的发生率高。比如：刚刚学会走路的孩子，随着活动范围的扩大，其与危险物品接触的机会也增加了；幼儿不能理解站在高处或趴在窗台上的危险性，更不能判断哪些东西不能吃、哪些东西不能碰；才学会骑车的孩子缺乏应急的能力；等等。资料表明，因跌伤而致住院或死亡的儿童，多为 10 岁以下儿童；溺水者以 5 岁以下儿童及 15~19 岁的青少年最多；5~15 岁儿童发生道路交通事故的多见。另外，发生伤害的概率，男孩高于女孩。

避免儿童伤害，取决于成人的行动和态度

发生在日常生活中的儿童意外伤害，多因家人缺乏必要的安全知识和防护意识，如不小心、考虑不周等所致。有关资料显示：跌落是儿童意外伤害发生率最高的，其次是碰伤、挤压伤、扭伤、刺伤、交通事故和烧烫伤。43％的儿童意外伤害发生在家里，其次是在学校和幼儿园、街道和公路上。

进行健康教育，提高家长和看护人的安全意识，在家庭中创造一个无危险因素的环境，是减少或避免儿童意外伤害最重要的措施之一。

家长应该做到：

(1)让儿童远离火源、炉灶、电灯、火柴和家用电器。

(2)把刀具、剪刀、锋利的物体及药品、有毒物品、危险品等放置在儿童拿不到的地方。

(3)切勿用饮料瓶装药水、消毒液、燃油等。

(4)在孩子吃饭时不要逗引，不要让孩子在玩耍、奔跑或讲话时进食，以避免异物进入气管导致窒息。

(5)5 岁以下儿童在公路上时必须有成人陪伴，并应从他们刚学会走路时就开始教会他们交通安全注意事项等。

(6)从小注意对孩子的安全行为训练，并在学龄前树立安全意识，逐渐训练孩子如何预防危险，并掌握防范的技能。

239

避免泳池中的麻烦惹上身

　　夏季，泳池是孩子们向往留恋的地方，戏水带来的欢乐有益于身心健康。带孩子去泳池娱乐虽好，但要防范麻烦找上来，对身体造成伤害。实际上，泳池中的麻烦可不少，以下情况相当常见——

　　◆**溺水**：儿童戏水不小心导致的溺亡事故，每个夏天都有发生，这些鲜活的生命在戏水中消失，给父母带来无限的悔恨和悲痛。溺水，已经成为儿童非正常死亡的头号杀手。所以，我还是要强调泳池中的第一安全是防溺水。

　　◆**家长必须做到**：①生命安全教育要贯穿在日常生活中，让孩子牢牢记在心中；②给孩子机会，培养和训练一些自我求生和自救的能力；③儿童游泳，大人陪伴，放手不放眼。

　　◆**皮肤划伤**：划伤腿、脚等处皮肤也是泳池中非常常见的意外伤害。因为泳池周围和底部的瓷砖使用久了，脱落出来的小瓷片会在不经意间划伤皮肤。为预防意外划伤，除了选择设施好的泳池外，最好不要过多踩在水池底部。一旦划伤，要及时清洁包扎，避免感染。

　　◆**红眼病**：红眼病是急性细菌性结膜炎的俗称，是由细菌感染引起的急性流行性眼病。要预防红眼病，除了选择卫生条件好的泳池之外，佩戴一副密闭性好的泳镜，可以有效隔离病菌。如果眼睛受到水的刺激，不要揉眼睛，最好用清水清洗一下。如果游泳后由于水中漂白粉的刺激引起眼睛发红，数小时内可以自行消失，如果持续发红，有瘙痒疼痛或有分泌物，建议及时到正规医院就诊治疗。

◆**腹泻**：是因为吞入大量不干净的水造成的，要教育孩子在游泳时尽量不要把水吞咽下去，游泳完毕用清水漱口。

◆**中耳炎**：游泳时耳朵进水，导致细菌繁殖生长，容易引起中耳炎，所以游泳完毕清洁耳朵也很必要。

◆**泌尿道感染**：多见于小女孩。每年夏天都有不少这样的病例来就诊，有的仅仅表现发热或高热，有的会伴有尿频、尿痛或血尿，尿常规检查有红白细胞。本病的发生主要与泳池水的卫生有关，小女孩泌尿道短，容易感染。选择卫生条件好的泳池可以避免此类情况的发生。有游泳史的女孩子，如果出现没有其他伴随症状的发热，建议及时做尿常规检查。

儿童吞下异物怎么办

随着宝宝的长大，一些意想不到的事情也会发生，比如婴幼儿天性好奇、好动，又缺乏判断力，所以随手可得的东西都可以成为他的玩具，摆弄、"研究"半天后放入口中当作"食物"吞下，这就是为什么小儿消化道异物容易发生的原因。误吞异物通常见于2~3岁的儿童，他们可以到处走动，物品也容易到手，生活中的小东西诸如小钉子、硬币、扣子、回形针、金属环、玻璃球、围棋子和玩具上的小零件都可能成为他们的胃中物。

门诊见闻：

案例一：阿峰，3岁3个月，非常活泼、可爱的男孩，因为"误吞螺丝钉4小时"被送进医院，经腹部X线检查，证实为消化道异物，因为没有特殊症状，留院观察，直到2天后从大便排出长约1.5厘米、直径7毫米的螺丝钉，才放心出院回家。医务人员和家长都感到庆幸，这么危险的异物，竟这么平安顺利地排出来了。家长说，经历了这几天的担心和不安，以后照看孩子可得要加倍小心，绝对不能让类似事情再次发生。

案例二：阿煜，2岁男孩，玩硬币时，家长一不留神硬币就不见了，家长急忙把他送到医院，X线检查证实直径约2.7厘米的硬币已到了阿煜胃里，第二天随大便排出。

我们不得不吸取这些案例的教训，加强看护，给孩子提供一个安全的生活环境。

当发现小孩将异物吞下以后，家长们总是惊慌失措，第一个反应会大喊：你怎么把东西吃了呢？我们知道大喊和质问都没有用处，只有冷静地、智慧地处理，才能减少对孩子的伤害。一定要用心记住，当发现孩子吞下异物时，家长要做的几件事：①首先评估孩子有无呛咳、呼吸困难、口唇青紫等表现，如果有说明异物进入气管发生窒息，需即刻送医院救治。如果家长或周围的人会海姆立克急救法（海姆利希手法）可以马上施救。如果没有上述表现，暂不要惊慌。②判断孩子吞进的异物是否带钩、太锐利，比如回形针、钉子等在经过肠道时可能会造成损伤或肠壁穿孔，出现呕血、腹痛、血便等，此时要留医院观察处理。③如果孩子吞进的异物不是太大，也不太重，比较圆钝（如小玻璃球、纽扣、棋子等），能随胃肠道的蠕动与粪便一起排出体外，就可在家中观察。每次患儿排便时，家长都要仔细检查，直至确认异物排出为止。④一般情况下，异物在胃肠道里停留的时间是 2~3 天，但也有长时间才排出的。如果 3~4 周仍未发现异物排出，应带孩子去医院检查处置。⑤异物一经吞下，家长们总是想尽快让孩子吐出来或拉出来。其实此时不主张催吐，因为催吐有时反而会使异物误吸入气管而发生窒息。为防止异物长时间滞留于消化道，可多给患儿吃些富含纤维素的食物，如韭菜、芹菜等，以促进肠道的生理性蠕动，加速异物排出。

海姆立克急救法

第一步，让宝宝仰卧背贴在家长的大腿上，把中指和食指放在宝宝胸廓下和脐上的腹部，快速向上压迫 1~5 次。

第二步，家长马上把宝宝抱起来，一只手捏住宝宝颧骨两边，手臂贴着宝宝的前胸，另一只手托住宝宝后颈，让宝宝脸朝下趴在家长大腿上，且头部稍低于躯干，在宝宝背部两肩胛骨间拍打 1~5 次。

浴室几大安全隐患，不得不防

浴室是日常生活中的重要场所之一，可以说与我们关系密切。浴室里最吸引孩子的东西莫过于水了。在羊水中长大的胎儿，一出生就对水倍感亲切，大部分的婴幼儿都喜欢洗澡与玩水，洗浴时也可成为家庭共聚同欢的最特别的时刻之一。可是，浴室里的意外时有发生，要特别注意避免。

◆**跌伤或割伤：**有水的地面滑，宝宝容易滑倒跌伤；浴室里物品的边缘或尖的东西容易划破宝宝的皮肤。

给家长的提示：检查浴室所有的脚垫或地毯，确定背面的橡胶状况良好而且不会滑动；进入浴缸之前，最好在地板上放一块厚厚的棉质浴巾；检查浴缸边缘是否磨损；边缘锋利的东西（如剪刀、磨指甲刀、剪指甲刀、刀片等）用完后收起来，或放在小孩拿不到的地方；刮须刀每次使用完毕，务必妥为处理，绝不可以不包起来就丢掉，因为它可能会刮到宝宝。

◆**溺水窒息：**浴室里水少，家长会放松警惕，但也会有悲剧发生。统计数字告诉我们，有一半以上的婴儿溺死是发生在自家的浴室里。因为就在父母收签一个快递或者去接一个电话的时候，就那么几分钟，孩子便可能淹死在浴缸里。不到3厘米深的水，只需1分钟，就可能淹死婴儿。

给家长的提示：绝对不要让宝宝单独留在有水的地方；带小孩到浴室之前，最好把电话拿着，以免有时为了接电话而把小孩独自留在浴室；洗浴后把水桶和脸盆里的水全部倒干，并且养成习惯。

◆**热水烫伤**：不少父母忽略了热水器的温度，据统计，儿童烫伤中1/4 是被洗澡的热水烫伤的。

给家长的提示：把热水器的温度调在 50℃以下，或者中低挡。如果是盆浴，应该先放冷水后放热水，并用专用的温度计测试水温。

◆**误服中毒**：浴室里会堆积很多日用品，如洗面奶、洗发精、沐浴露、香水、染发剂、喷发剂、指甲油等，以及消毒水、去污粉、空气清新剂等清洁用品。这些东西多少都有一定的毒性，小孩好奇易造成误服中毒。

给家长的提示：浴室里只保留经常使用的产品，并且存放于宝宝拿不到的位置；腐蚀性的清洁剂、消毒水、瓷砖清洁剂都含有致命的化学物质，因此应该锁上，并检查锁的好坏；务必细读每件产品的标签，以了解制造厂商指示的警告事项；过期的化妆品、用完的清洁剂和消毒水等的空瓶必须立刻丢弃。

◆**触电**：浴室里电吹风、电暖器和插座，都可能成为伤害孩子的隐患。

给家长的提示：浴室内所有的插座，都要装上安全护盖，或者不用时用胶带封上。吹风机最好别放在浴室，以免漏电。

防范宝宝意外跌伤，家长必须这样做

全球儿童安全组织的调查显示：意外跌落是 0~14 岁城市儿童因意外伤害而死亡的第三大原因，也是非致死性死亡的首要原因。一项调查资料显示：52%的意外伤害发生在家里，其中碰伤和摔伤是比较常见的意外伤害。

宝宝从出生时只能做水平位的活动，到能抬头、翻身、坐起、翻滚、爬行、站立、行走、跑步、爬梯等一系列的运动发育，都是在通过尝试、触摸、感触和体验探索世界。宝宝成长中迈出的每一个阶梯，无不让家长惊奇和高兴，但是成长中的意外跌伤也会让家长受惊和痛心。在我 30 多年的从医经历中，我发现虽然现在每个家庭中的孩子少了、看护者多了，但婴幼儿的家庭意外伤害仍屡屡发生，有的还造成了难以挽回的悲剧。所以，告诫爸爸妈妈们，爱孩子，首先要给孩子提供一个安全的成长环境，这一点很重要。

从宝宝会翻身开始，就要特别注意预防意外伤害的发生，尤其是碰伤、撞伤和坠落。家居安全是防范的第一步，家长务必做到以下这些。

婴儿床、窗子要有护栏：1 岁以内的婴儿基本生活在床上，当 6 个月以上的宝宝会翻滚、会爬了，就要注意在孩子可能受伤的地方安装护栏。如果给宝宝换尿片时，家长需要转身，请注意不要把宝宝单独留在床上、沙发上、椅子上或桌子上。

家具要牢固，靠墙而立：会爬的宝宝喜欢到处找东西，甚至会扶着凳子或桌子要站起来，所以家长要经常检查家具是否牢固，以免宝宝扶靠时因受力不均衡而倒塌。家中的沙发、凳子，切勿靠窗放置，以免宝宝攀登发生掉落。

家具要选择椭圆形边的：或者给家具的尖角加上护套，防止孩子摔倒时撞伤。

保持地面干爽：会跑的宝宝喜欢到处去，所以无论是客厅、浴室还是厨房，都要保持地面干爽，最好给孩子穿上有防滑功能的鞋子。

门、窗要锁好：所有窗户插销应安装在中部并牢靠。家长在室内，也要锁好门，会走的宝宝一不注意就会跑到门外。

总之，做一个有心的家长，宝宝就会在安全的环境中快乐地成长。

家中预防宝宝意外跌伤的措施

婴儿床、窗子要有护栏

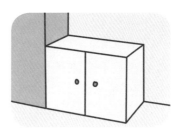

家具要牢固，靠墙而立

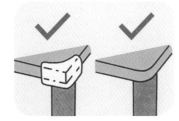

家具选择椭圆形边的，或者给家具的尖角加上护套

保持地面干爽

门、窗要锁好

247

孩子被烫伤,该如何急救

门诊见闻: 阿鸿是个 32 周、出生时体重 1800 克的早产儿,1 岁半之前妈妈会定期带他到高危儿随访中心接受专家的评估指导,在全家人的精心养育下,阿鸿生长发育得很好,已看不出任何早产儿的痕迹。因为父母忙于工作,阿鸿由奶奶照顾。在阿鸿 1 岁 8 个月时,奶奶烧了一壶开水,顺手放在小桌台面上,好奇的阿鸿刚学会走路,看见冒烟的水壶,就去抓它,结果滚烫的开水浇在了阿鸿的身上,为此他住了 21 天的院。

相关调查显示,在家庭中遭遇烧伤和烫伤的,有 50% 以上是儿童,尤其是 3 岁以下的儿童。这个年龄段的孩子,好奇心强,没有安全意识,家长一不留意就会发生孩子碰倒暖瓶、水壶或接触热粥、高温洗澡水等造成的烫伤。

判断烫伤程度

I度烫伤: 受伤的皮肤仅有红、肿、热、痛,无水疱出现,表面干燥,愈合不会留下瘢痕;**浅II度烫伤:** 受伤部位有较大的水疱,伴有明显的红、肿、痛,痊愈后不留瘢痕,但有色素沉着;**深II度烫伤:** 烫伤面皮肤痛觉迟钝,水疱多而小,皮肤微红,弹性差,痊愈后会留下瘢痕;**III度烫伤:** 表现为坏死性损伤,局部皮肤剥落。

烫伤的家庭处理

(1)万一发生烫伤,首先不要惊慌,也不要急于脱掉贴身单薄的诸如汗衫、丝袜之类衣服,应迅即用冷水冲洗,等局部冷却后才可小心地将贴身衣服脱去,以免撕破烫伤后形成的水疱。

(2)先用凉水(水温不能低于 5℃,以免冻伤)把伤处冲洗干净,然后把伤处放入凉水中浸泡30分钟以上（以不感到疼痛为止）。如为面部等不能冲洗或浸浴的部位可用冷敷。一般来说，浸泡时间越早，效果越好，但伤处已经起疱并破了的，不可浸泡，以防感染。

(3)对于局部较小面积的轻度烫伤，可在家中施治，清洁创面后，可外涂京万红软膏、润湿烧伤膏等。对于大面积烫伤，宜尽早送医院治疗。

预防烫伤的对策

(1)看护者放手不放眼。婴幼儿好奇心强，没有安全意识，看护者要肩负起责任，无论是在家中还是带宝宝到户外玩耍，都要做到放手不放眼，遇到危险及时制止。

(2)尽量让宝宝与热的东西"划清界限"。暖水瓶应放在孩子够不到的地方，如厨房里的桌子上或高台上，煮熟的热粥、热汤也要放在高处。厨房里的物品要摆放整齐，不要随手乱扔。最好不要让孩子进厨房。

(3)给宝宝洗澡时，应在浴盆中先放冷水，再放热水，并用手先试一下温度是否适宜，再将宝宝放入浴盆中；给宝宝喝热水、热牛奶时，要待温度适宜后再喝。

(4)进行体验教育。爸爸妈妈可以让宝宝适度感受"烫"的危险，如抓住他的小手，摸摸烫的杯子的外表，摸摸升起来的蒸汽，几次下来，他就知道这个东西是烫手的，就不会再乱抓了。

249

教你看懂血常规化验单

孩子生病看医生做检查，最常见的化验就是血常规检查。化验结果往往是家长先拿到。不少家长反映，化验单上密密麻麻的项目和数字，让人担心、紧张又迷惑。

儿童是在不断地生长发育中，他们每个阶段的化验项目正常值不同，有别于成年人，而血常规化验单上，所有参考值都是成人标准参考值，所以在家长看来有很多指标不在参考值范围内，遇到这种情况请不要过于紧张，因为医生会给您全面的指导。

血常规结果中，所有的参考值均为成人标准，一般来说主要看以下几个主要指标。

白细胞（WBC）：正常值在（4.0~10.0）×10^9/升。分类中，幼儿（6岁以前）的淋巴细胞比例会比参考值高，淋巴细胞和中性粒细胞的百分比差不多是倒置的，儿童的淋巴细胞比例属生理性偏高，但在生病期间要注意一下这些指标的变化。

红细胞（RBC）：参考值（3.5~5.5）×10^{12}/升。

血红蛋白（HGB）：参考值110~170克/升。

血小板（PLT）：参考值（100~300）×10^9/升，部分儿童的血小板会出现偏高现象，这也属于生理性偏高；当血小板高于1000×10^9/升或低于70×10^9/升时应当引起注意。

血常规结果中，血红蛋白（HGB）是一项很重要的指标，能够反映人体是否贫血。以下为不同大小儿童贫血的血红蛋白（HGB）参考值。

出生10天以内：HGB＜145克/升。

1~3个月：HGB＜90克/升。

大于4个月：HGB＜100克/升。

6个月~6岁：HGB＜110克/升。

6~14岁：HGB＜120克/升。

251